Excel 达人手册：表格设计的重点、难点与疑点精讲

福甜文化　组编

胡小春　陈　宇　编著

机械工业出版社

本书以 Excel 2016 为蓝本，选取简洁高效的操作方式作为知识点，并辅助以图解方式进行讲解，将 Excel 高手的实用技巧手把手教给读者，让读者一看就懂且一学就会。同时，利用简洁高效的图书讲解方式，将知识内容聚焦到 Excel 技术的本质操作上，非常便于读者学习和解决实际工作中的问题。

　　本书的技巧覆盖了 8 个方面，共 18 章。内容涉及表格"偷懒"方法、表格基本操作、数据录入、数据处理、数据计算、数据分析、数据安全和常见问题等。附录中还提供了疑点、难点和痛点的快速查询表。

　　本书主要面向求职者、办公室职员、在校大学生以及其他初、中级用户，对于 Excel 高手也具有一定的参考价值。

图书在版编目（CIP）数据

Excel 达人手册：表格设计的重点、难点与疑点精讲/福甜文化组编.
—北京：机械工业出版社，2019.8
ISBN 978-7-111-62712-8

Ⅰ.①E… Ⅱ.①福… Ⅲ.①表处理软件—手册 Ⅳ.①TP391.13-62

中国版本图书馆 CIP 数据核字（2019）第 087238 号

机械工业出版社（北京市百万庄大街 22 号　邮政编码 100037）
策划编辑：李晓波　　责任编辑：李晓波
责任校对：张艳霞　　责任印制：孙　炜

北京联兴盛业印刷股份有限公司印刷

2019 年 8 月第 1 版・第 1 次印刷
169mm×239mm・18.75 印张・314 千字
0001—3000 册
标准书号：ISBN 978-7-111-62712-8
定价：75.00 元

电话服务　　　　　　　　　　网络服务
客服电话：010-88361066　　机　工　官　网：www.cmpbook.com
　　　　　010-88379833　　机　工　官　博：weibo.com/cmp1952
　　　　　010-68326294　　金　书　　　网：www.golden-book.com
封底无防伪标均为盗版　　机工教育服务网：www.cmpedu.com

前　言

首先，感谢您选择本书！

Excel 是工作中必不可少的一款表格制作软件，具有强大的数据计算、管理和分析功能。无论您是处于待业求职、初入职场，还是努力工作阶段，都需要熟练掌握 Excel 技术，才能让自己更胜一筹。

笔者在大大小小的实地调研中发现，不同的公司、读者使用的 Excel 版本不尽相同。2016 版、2013 版、2010 版、2007 版都是常用的版本，大家都觉得自己使用的才是经典的、最好的、最顺手的版本。由于已出版的 Excel 书籍大多是某一版本的技术操作，没有兼顾其他版本，给大家带来了不少困扰。笔者从读者角度出发，在本书中将多个版本的操作同步展示，做到版本上的一本通。

笔者从完全不懂的小白到 Excel 教练（已出版 10 多本 Excel 书）经历了各种磨炼和洗礼，加之企业内部培训历练，熟知读者真正需要的是操作技巧，也更知晓读者喜爱的学习方式。在此过程中领悟到：相对于理论定义，实操更重要；相对于文字堆砌，图片更直白；相对于单点思维，关联发散更有意义。

为了帮读者真正做到一本全通，笔者从 5 个点入手：简、细、透、调、新。

- 简：将最直观的操作展示给您，将最实用的操作介绍给您，将最重要的操作标识给您，将最便利的方式分享给您。
- 细：同一操作，多个实用妙招解法，让您"妙招安天下"。
- 透：实用技术，细分讲解，让您将技术掌握得扎扎实实、面面俱到。
- 调：打破固定架构技术点，按功能调位，让您思维发散。
- 新：结合新技术开发新技能，让您一路领先。

本书共 18 章，依次是表格"偷懒"方法，工作簿、工作表操作，单元格、行列调整，数据处理，通用公式计算，高频函数运用，数据排序、筛选、汇总，数据展示分析，透视分析以及常见问题等。其中"★"标识的为重点，"■"标识的为难点，"＊"标识的为新招式新功能。每一部分的知识妙招均选自于

Excel 达人手册：表格设计的重点、难点与疑点精讲

办公实战；每一个疑惑问题都来源于网友、同事的工作实践；每一个难点、痛点都是实战教训的总结。部分痛点、疑点、难点还配备了二维码视频，方便读者理解。希望笔者几个月的伏案编写，能为您的 Excel 技能提升带来极大的帮助。

  如果您是 Excel 初学者，本书是您入门的良师。

  如果您是 Excel 中级用户，本书是您进步的阶梯。

  如果您是培训师，这本书是您实用的教程。

  如果您想从事人事、行政、财务、文秘等工作，本书是您的案头手册。

  再一次感谢您选择了本书。如果您学完本书后对 Excel 操作上还存在疑惑，扫描下方的二维码，即可加入本书售后 QQ 群中，里面会有相关的 Excel 老师随时为您答疑解惑。

编 者

目　　录

前言
第1章　做一个会偷懒的人 1
　1.1　下载网站中的表格 2
　　1.1.1　在网站中直接下载 2
　　1.1.2　在网店上购买 2
　1.2　借用表格模板 3
　1.3　借用电子表格方案 4
　1.4　套用已有图表 5
　1.5　套用已有复杂函数 6
第2章　工作簿、表的操作 7
　2.1　新建空白工作簿 8
　　2.1.1　在 Excel 中新建工作簿 8
　　★2.1.2　组合键新建空白工作簿 9
　2.2　保存工作簿 9
　　2.2.1　工作簿保存到新的位置或使用新文件名 9
　　2.2.2　自动保存 10
　2.3　重命名工作表 11
　2.4　移动或复制工作表 12
　　2.4.1　在对话框中进行移动 12
　　★2.4.2　拖动鼠标移动 12
　2.5　隐藏工作表 13
　　★2.5.1　快捷命令隐藏 13
　　2.5.2　功能选项隐藏 14
　2.6　插入工作表 14
　　★2.6.1　新建工作表 14
　　2.6.2　插入电子方案表格 15
　2.7　删除工作表 15
　　★2.7.1　快捷命令删除 16
　　2.7.2　功能选项删除 16

■2.7.3 删除多张不连续工作表 ·················· 17
2.8 修改标签颜色 ···································· 17

第 3 章 单元格、行列的操作 ·················· 20
3.1 插入单元格 ······································ 21
★3.1.1 插入单个单元格 ······················ 21
3.1.2 插入整列或整行单元格 ············ 22
3.2 删除单元格 ······································ 23
3.3 调整行高、列宽 ······························ 23
★3.3.1 拖动鼠标直接调整 ·················· 23
★3.3.2 让列宽、行高与数据长度、高度自动适应 ·················· 24
★3.3.3 指定列宽、行高 ······················ 25
3.4 删除行或列 ······································ 26
★3.4.1 删除单行或单列 ······················ 26
3.4.2 一次性删除不连续的 N 条空行 ················ 28

第 4 章 数据的录入与导入
4.1 输入相同数据 ·································· 32
★4.1.1 直接输入 ·································· 32
★4.1.2 填充输入 ·································· 32
4.2 输入序列数据 ·································· 33
★4.2.1 填充步长为 1 的序列数据 ······ 33
4.2.2 填充指定步长的序列数据 ······ 34
4.3 输入日期 ·· 34
4.3.1 输入 yyyy/mm/dd 型日期 ······· 34
★4.3.2 输入 yy/mm/dd 型日期 ············ 35
*4.3.3 快捷键输入当前日期 ·············· 35
★4.3.4 使用 TODAY 函数输入当前日期 ············ 36
★4.3.5 拖动填充工作日 ······················ 36
4.4 输入时间 ·· 37
4.4.1 输入指定时间 ·························· 37
4.4.2 输入 1:30 PM 格式的时间 ······ 37
*4.4.3 快捷键输入当前时间 ·············· 38
★4.4.4 使用 NOW 函数输入当前日期和时间 ······ 38
4.5 输入百分数 ······································ 38

目录

- 4.5.1 直接输入 ... 38
- ★4.5.2 转换输入 ... 39
- 4.6 输入分数 ... 39
- 4.7 输入身份证号 ... 40
  - ★4.7.1 直接输入 ... 40
  - 4.7.2 转换为文本类型 ... 40
- 4.8 输入中文大小写数字 ... 41
  - ★4.8.1 输入中文大写数字：壹万玖仟捌佰陆拾 ... 41
  - ★4.8.2 输入法输入中文大写数字 ... 41
- 4.9 输入特殊符号 ... 42
  - 4.9.1 插入特殊符号 ... 42
  - ★4.9.2 输入法输入特殊符号 ... 43
- 4.10 输入 m^2、m^3 ... 43
  - 4.10.1 使用输入法输入 m^2、m^3 ... 43
  - 4.10.2 使用上标输入 m^2、m^3 ... 44
  - 4.10.3 使用插入符号输入 m^2、m^3 ... 45
- 4.11 输入自定义数据 ... 45
  - 4.11.1 为数字添加单位"万" ... 45
  - 4.11.2 输入指定样式的数据 ... 46
- 4.12 利用自动更正输入数据 ... 47
- 4.13 利用记录单录入数据 ... 48
- 4.14 导入文本数据 ... 49
  - ★4.14.1 手动导入文本数据 ... 49
  - 4.14.2 直接粘贴文本数据 ... 50
- 4.15 导入网页中的表格数据 ... 50
- ★4.16 两步获取图片中的数据 ... 52
- ★4.17 使用 VLOOKUP 函数自动匹配数据 ... 53

第 5 章 数据的限制 ... 55

- 5.1 限制录入的日期范围 ... 56
- 5.2 提供录入选项"男""女" ... 57
- 5.3 限制单元格的输入字数 ... 58
- 5.4 限制录入的数据为整数 ... 58
- 5.5 限制录入的数据为小数 ... 59

- 5.6 限制输入文本 ... 60
- 5.7 添加录入限制的提示 ... 61
- 5.8 添加录入错误的警告 ... 62
- 5.9 圈释不符合要求的数据 ... 62
- ■5.10 自动定位所有的数据限制单元格 ... 63
- 5.11 删除数据验证 ... 64

第 6 章 数据的处理与编辑 ... 66

- 6.1 复制和粘贴数据 ... 67
  - ★6.1.1 粘贴为数值 ... 67
  - ★6.1.2 粘贴数据时列宽不变 ... 67
  - 6.1.3 粘贴数据时去掉边框线条 ... 68
- 6.2 移动数据 ... 68
  - 6.2.1 拖动移动 ... 68
  - ★6.2.2 剪切移动 ... 69
- 6.3 更改数据 ... 69
  - 6.3.1 修改单元格中整个数据 ... 69
  - 6.3.2 修改单元格中部分数据 ... 70
  - ★6.3.3 批量更改数据 ... 70
- 6.4 删除数据 ... 71
  - 6.4.1 手动删除单个数据 ... 71
  - ★6.4.2 快速删除重复项 ... 71
  - 6.4.3 自动标识重复项 ... 72
- 6.5 会计数字格式转换 ... 73
  - ★6.5.1 常规会计数据类型转换 ... 73
  - 6.5.2 国际会计数据类型转换 ... 73
- 6.6 百分比类型数据转换 ... 74
  - ★6.6.1 一键单击转换 ... 74
  - 6.6.2 两步选择转换 ... 74
- 6.7 小数位数的添加和减少 ... 75
  - 6.7.1 增加小数位数 ... 75
  - 6.7.2 减少小数位数 ... 75
  - ★6.7.3 指定小数位数 ... 76
  - 6.7.4 使用 ROUNDUP 函数减少小数位数 ... 76

目录

6.8 用颜色标记数据 77
 6.8.1 用红色标记超标数据 77
 6.8.2 用红色标记负数 78
6.9 同一单元格中显示多行数据 78
6.10 将多列数据合并为一列 79
 6.10.1 快速填充合并 79
 6.10.2 使用连接符"&"合并 79
6.11 将一列数据拆分为多列数据 80
 6.11.1 使用 LEFT 函数拆分 80
 ★6.11.2 使用分列功能拆分 80
6.12 行列转置 81
 ★6.12.1 粘贴转置 81
 ★6.12.2 对话框转置 82
 ■6.12.3 使用 TRANSPOSE 函数转置 83
6.13 筛选日期数据 83
 6.13.1 进入筛选模式 83
 6.13.2 筛选本月的数据 84
 6.13.3 筛选本周的数据 84
 6.13.4 筛选指定日期范围的数据 85
 6.13.5 筛选今天的数据 85
6.14 筛选数字 86
 6.14.1 筛选 3000~5000 的数据 86
 6.14.2 筛选排名前 5 的数据 86
 6.14.3 筛选高于/低于平均值的数据 87
6.15 筛选文本 88
 6.15.1 筛选包含某个名称的数据 88
 6.15.2 筛选指定产品的数据 89
 6.15.3 筛选多个产品的数据 89
6.16 筛选 3 个或 3 个以上指定条件的数据 90

第 7 章 数据的格式设置

7.1 设置字体 94
 ★7.1.1 通过菜单栏设置字体 94
 ★7.1.2 通过右击菜单设置字体 94

7.1.3 在"字体"文本框中输入字体 ········ 95
7.1.4 通过对话框设置字体 ········ 95
7.2 设置字号 ········ 96
7.2.1 选择字号 ········ 96
★7.2.2 输入字号 ········ 97
7.2.3 增大、减小字号 ········ 97
7.3 填充单元格底纹颜色 ········ 98
7.3.1 通过"字体"组添加色块 ········ 98
7.3.2 通过浮动工具栏添加色块 ········ 98
7.4 设置数据颜色 ········ 99
7.4.1 通过"字体"设置色块 ········ 99
7.4.2 通过浮动工具栏设置色块 ········ 99
7.5 添加边框线条 ········ 100
★7.5.1 添加简单边框线条 ········ 100
★7.5.2 添加复杂边框线条 ········ 100
7.6 添加下画线 ········ 101
7.6.1 添加单下画线 ········ 101
7.6.2 添加双下画线 ········ 101
7.7 设置对齐方式 ········ 102
★7.7.1 数据水平居中对齐 ········ 102
7.7.2 调节数据与单元格边线的距离 ········ 103
7.8 设置数据的显示方向 ········ 104
★7.8.1 自定义旋转角度 ········ 104
7.8.2 顺时针旋转数据 ········ 104
7.9 合并单元格 ········ 105
7.9.1 合并居中 ········ 105
7.9.2 跨区域合并 ········ 105
7.9.3 简单合并 ········ 106
7.10 自动设置表格样式 ········ 107
★7.10.1 套用内置表格样式 ········ 107
7.10.2 套用自定义表格样式 ········ 108
★7.10.3 选用主题样式 ········ 109
7.11 清除格式 ········ 109

7.11.1 清除单个单元格格式 ... 109
7.11.2 批量清除 N 个单元格中相同格式 ... 110
7.11.3 清除套用的表格格式 ... 111

第8章 使用公式计算数据 ... 113

8.1 使用公式 ... 114
★8.1.1 在编辑栏中直接输入公式 ... 114
■8.1.2 输入单一数组公式 ... 114
8.1.3 输入同列方向的一维数组公式 ... 115
8.1.4 输入不同方向的一维数组公式 ... 115

8.2 编辑公式 ... 116
8.2.1 修改公式 ... 116
★8.2.2 复制公式 ... 117

8.3 定义单元格名称 ... 118
★8.3.1 定义单个单元格名称 ... 118
8.3.2 批量定义单元格名称 ... 119

8.4 调用单元格名称 ... 120
★8.4.1 选择调用 ... 120
8.4.2 输入调用 ... 121

8.5 审核公式 ... 122
8.5.1 显示公式 ... 122
8.5.2 追踪单元格引用情况 ... 123
8.5.3 追踪从属单元格 ... 123

第9章 使用函数计算数据 ... 125

9.1 调用函数 ... 126
9.1.1 函数库中调用 ... 126
9.1.2 首字母输入调用 ... 126
9.1.3 对话框中调用 ... 127

9.2 查看函数使用方法 ... 127
9.2.1 通过"帮助"查看 ... 127
9.2.2 对话框中查看 ... 128

9.3 SUM 系列函数 ... 128
9.3.1 数据求和 SUM ... 128
9.3.2 数据单条件求和 SUMIF ... 129

- ■9.3.3 数据多条件求和 SUMIFS ·········· 130
- 9.4 AVERAGE 系列函数 ·········· 130
  - ★9.4.1 数据平均 AVERAGE ·········· 130
  - 9.4.2 数据算术平均 AVERAGEA ·········· 131
  - 9.4.3 数据单条件平均 AVERAGEIF ·········· 131
  - ■9.4.4 列表或数据库平均 DAVERAGE ·········· 132
- ★9.5 IF 函数 ·········· 132
- 9.6 极值函数 ·········· 133
  - ★9.6.1 最大值 MAX ·········· 133
  - 9.6.2 计算列表的最大值 MAXA ·········· 134
  - ★9.6.3 最小值 MIN ·········· 134
  - 9.6.4 指定条件中的最小值 MINA ·········· 135
- 9.7 COUNT 系列函数 ·········· 135
  - 9.7.1 数据个数统计 COUNT ·········· 135
  - ★9.7.2 单条件统计数据个数 COUNTIF ·········· 136
  - 9.7.3 多条件统计数据个数 COUNTIFS ·········· 136
- 9.8 PMT 系列函数 ·········· 137
  - 9.8.1 分期还款金额 PMT ·········· 137
  - 9.8.2 指定期数的还款利息 IPMT ·········· 137
  - 9.8.3 指定期数的还款本金 PPMT ·········· 138
- 9.9 投资收益率函数 ·········· 138
  - 9.9.1 定期收益率 MIRR ·········· 138
  - 9.9.2 不定期现金收益率 XIRR ·········· 139
- 9.10 折旧系列函数 ·········· 139
  - 9.10.1 直线折旧值 SLN ·········· 139
  - 9.10.2 指定年份或月份折旧值 SYD ·········· 140
  - 9.10.3 单倍折旧值 DB ·········· 141
  - 9.10.4 双倍折旧值 DDB ·········· 141
  - ★9.10.5 第 3~5 年间的资产折旧值 VDB ·········· 142
- 9.11 投资预算函数 ·········· 143
  - 9.11.1 计算投资现值 PV ·········· 143
  - 9.11.2 计算投资总现值 NPV ·········· 143
  - 9.11.3 预测投资效果 FV ·········· 144

目录

第 10 章　数据的排序 ... 147

10.1　按单一关键字段排序 ... 148
- 10.1.1　单击按钮一键排序 ... 148
- 10.1.2　右键菜单命令排序 ... 148

10.2　按多个关键字段排序 ... 149

10.3　按底纹颜色排序 ... 150
- 10.3.1　菜单命令置顶排序 ... 150
- 10.3.2　对话框置顶排序 ... 151

10.4　按字体颜色排序 ... 151
- ★10.4.1　菜单命令置顶排序 ... 151
- 10.4.2　对话框置顶排序 ... 152

10.5　按图标排序 ... 152
- ★10.5.1　图标归类排序 ... 152
- 10.5.2　图标置顶排序 ... 153

10.6　按行排序 ... 153
- 10.6.1　局部剪切排序 ... 153
- ★10.6.2　对话框排序 ... 154

10.7　指定区域排序 ... 155

10.8　自定义排序 ... 156
- ★10.8.1　输入自定义排序条件 ... 156
- 10.8.2　调用内置序列排序 ... 157

第 11 章　数据的分类汇总 ... 159

11.1　单层分类汇总 ... 160
- ★11.1.1　自动分类汇总 ... 160
- 11.1.2　手动分类汇总 ... 161

11.2　多层分类汇总 ... 162
- ★11.2.1　同一字段不同计算的多层汇总 ... 162
- 11.2.2　不同字段相同计算的多层汇总 ... 163

11.3　删除分类汇总 ... 164
- ★11.3.1　删除自动分类汇总 ... 164
- 11.3.2　删除手动分类汇总 ... 165

11.4　汇总分级操作 ... 165
- 11.4.1　清除表格左侧的分级显示 ... 165

★11.4.2 切换汇总数据的分级显示 ·· 166
　11.4.3 隐藏指定汇总明细数据 ·· 166

第 12 章　按条件标识数据 ·· 169

12.1　突显区域数据 ·· 170
　12.1.1　突显>5000 的数据 ·· 170
　12.1.2　突显<5000 的数据 ·· 171
　12.1.3　突显=5000 的数据 ·· 171
　12.1.4　突显高于平均值的数据 ·· 172
　12.1.5　突显 2018 年 1 月 1 日后的数据 ···································· 173
　12.1.6　突显一周内的数据 ·· 174

12.2　突显项目数据 ·· 175
　12.2.1　突显前 10%的数据 ·· 175
　12.2.2　突显前 5 项的数据 ·· 176

12.3　突显包含指定文本的数据 ·· 177

12.4　数据条展示数据大小 ·· 178
　12.4.1　单色数据条显示 ··· 178
　12.4.2　渐变色数据条显示 ·· 178
　■12.4.3　自定义数据条样式 ··· 179

12.5　色阶展示数据热度 ··· 180
　★12.5.1　直接应用默认色阶展示 ·· 180
　12.5.2　自定义色阶展示 ··· 181

12.6　图标展示数据状态 ··· 181
　12.6.1　展示数据走势情况 ·· 181
　12.6.2　展示数据等级 ·· 182
　12.6.3　更改图标集中的任一图标 ··· 182

第 13 章　图表 ··· 185

13.1　创建图表 ··· 186
　*13.1.1　使用推荐功能创建图表 ··· 186
　*13.1.2　使用分析工具库创建图表 ·· 186
　★13.1.3　手动创建图表 ··· 187

13.2　选择图表 ··· 188
　13.2.1　选择整个图表 ·· 188
　13.2.2　选择图表中的元素 ·· 188

13.3 编辑图表标题 ... 189
- ★13.3.1 更改图表标题内容 ... 189
- 13.3.2 更改图表标题位置 ... 190
- 13.3.3 调整图表标题字体间距 ... 190
- *13.3.4 制作动态图表标题 ... 191

13.4 调整图表大小 ... 192
- ★13.4.1 拖动调整图表的宽度和高度 ... 192
- 13.4.2 指定图表的宽度和高度 ... 192

13.5 移动图表位置 ... 194
- 13.5.1 拖动鼠标移动图表位置 ... 194
- 13.5.2 将图表移到其他表中 ... 195

13.6 更改图表类型 ... 195
- 13.6.1 更改整个图表类型 ... 195
- 13.6.2 更改单个数据系列类型 ... 196

13.7 更改图表数据源 ... 197
- ★13.7.1 更改整个图表数据源 ... 197
- ★13.7.2 更改横坐标轴数据源 ... 198
- 13.7.3 快速添加部分数据源 ... 199
- 13.7.4 快速减少部分数据源 ... 199

13.8 应用图表样式 ... 200
- ★13.8.1 在列表框中选择应用 ... 200
- *13.8.2 在面板中选择应用 ... 200

13.9 调整图表布局 ... 201

13.10 纵坐标轴刻度调整 ... 201
- ★13.10.1 调整坐标轴最大值、最小值、单位刻度 ... 201
- 13.10.2 为坐标轴添加单位"千" ... 202
- 13.10.3 逆序刻度值 ... 203

13.11 为坐标轴添加标题 ... 204
- 13.11.1 为横坐标轴添加标题 ... 204
- 13.11.2 为纵坐标轴添加标题 ... 205

13.12 设置图表网格线 ... 206
- 13.12.1 隐藏网格线 ... 206
- 13.12.2 设置网格线粗细 ... 207

13.12.3　设置网格线颜色···207
13.13　处理图表断点··208
　★13.13.1　以零值处理图表断点···208
　★13.13.2　隐藏断点日期数据··209
　　13.13.3　绘制线条连接断点··210
13.14　图表转换为图片··210
　　13.14.1　复制为图片··210
　　13.14.2　粘贴为图片··211
　*13.14.3　用软件截取为图片··212

第 14 章　数据透视表和数据透视图···214
14.1　创建透视表··215
　*14.1.1　使用推荐模式自动创建··215
　★14.1.2　手动创建数据透视表···215
　*14.1.3　使用分析工具库自动创建·····································216
　■14.1.4　创建共享缓存数据透视表····································217
14.2　添加筛选字段页···218
　★14.2.1　拖动字段到筛选区域中·······································218
　　14.2.2　转换为筛选页字段··218
14.3　显示报表筛选页···219
14.4　更改值汇总依据···220
　★14.4.1　求和更改为平均、计数或最大、最小值················220
　　14.4.2　求和更改为标准偏差、方差·································220
14.5　更改值显示方式···221
　★14.5.1　更改为总计的百分比··221
　　14.5.2　更改为父级的百分比··222
　★14.5.3　更改为行的百分比··223
　■14.5.4　更改为差异百分比···224
14.6　添加计算字段···225
14.7　加权平均算法···226
　　14.7.1　将数据透视表转换为 Power Pivot 数据模型··········226
　■14.7.2　加权平均算法···227
14.8　添加计算项··228
14.9　套用样式美化透视表···229

14.10 创建透视图 ·· 230
    14.10.1 在透视表上创建数据透视图 ··········· 230
    14.10.2 在源数据中创建数据透视图 ··········· 231

14.11 筛选透视图 ·· 232
    14.11.1 在透视图上筛选 ····································· 232
    14.11.2 在窗格中筛选 ··· 233

14.12 切片器 ·· 233
    14.12.1 添加切片器 ··· 233
    14.12.2 应用切片器样式 ····································· 234
    14.12.3 切片器筛选数据 ····································· 234

第 15 章 查看和审阅 ·· 237

15.1 查看数据 ·· 238
    ★15.1.1 将标题行冻结固定 ································ 238
    15.1.2 将表格拆分为多个独立模块 ··············· 238
    15.1.3 多个工作簿数据同屏显示 ··················· 239
    *15.1.4 区域数据放大至窗口区域 ··················· 240

15.2 审阅数据 ·· 240
    ★15.2.1 添加批注 ··· 240
    *15.2.2 检查兼容性 ··· 241

第 16 章 打印 ·· 243

16.1 设置打印区域 ·· 244
    16.1.1 指定打印区域 ··· 244
    16.1.2 取消打印区域 ··· 245

16.2 打印整个工作簿的数据 ······································ 246

16.3 打印指定标题 ·· 247
    16.3.1 打印指定行标题 ····································· 247
    16.3.2 打印指定列标题 ····································· 248

16.4 打印图表 ·· 248
    16.4.1 打印彩色图表 ··· 248
    16.4.2 打印黑白图表 ··· 249

16.5 调整表格与纸张之间的距离 ······························ 251
    ★16.5.1 在打印预览区中拖动调整 ··················· 251
    16.5.2 在对话框中精确调整 ····························· 252

16.6 强制同页打印 ··· 253
    16.6.1 通过比例调整 ·· 253
    16.6.2 通过分页预览视图调整 ····························· 253
    16.6.3 通过打印选项调整 ··································· 254
16.7 打印批注 ··· 256
16.8 更改纸张方向和大小 ··· 256
    16.8.1 更改纸张方向 ·· 256
    16.8.2 更改纸张大小 ·· 257
16.9 设置打印份数和页数 ··· 257
    16.9.1 设置打印份数 ·· 257
    16.9.2 设置打印页数 ·· 258

第 17 章　数据安全 ·· 260

17.1 表格文件安全 ··· 261
    ★17.1.1 设置打开密码 ······································ 261
    17.1.2 设置修改权限密码 ·································· 262
    17.1.3 限制为只读 ·· 262
    ■17.1.4 找回密码 ··· 263
17.2 数据安全 ··· 264
    ★17.2.1 工作表加密 ·· 264
    ★17.2.2 区域数据加密 ···································· 266
17.3 使用 OneDrive 账号 ··· 267
    17.3.1 注册 OneDrive 账号 ······························ 267
    17.3.2 登录 OneDrive 账号 ······························ 268
    17.3.3 上传文件到 OneDrive 账号 ····················· 269

第 18 章　常见问题 ·· 271

18.1 表格提示文件受损无法打开，怎么办 ················· 272
18.2 用 Excel 2016 版本做的表格，Excel 2003 版本打不开，怎么办 ····· 273
18.3 Excel 2016 中一些功能找不到，怎么办 ············· 273
18.4 Excel 自动关闭，怎么恢复刚做的表格 ············· 274
18.5 斜线表头如何做 ··· 274
18.6 宏不能正常使用，怎么办 ································· 275
    18.6.1 保存为宏工作簿 ····································· 275
    18.6.2 启用所有宏 ·· 276

18.7　什么是二维表，什么是一维表 …………………………………… 277
附录 ……………………………………………………………………… 278
　附录 A　痛点快捷查询表 ………………………………………………… 278
　附录 B　疑点快捷查询表 ………………………………………………… 279
　附录 C　难点快捷查询表 ………………………………………………… 280

第1章

做一个会偷懒的人

本章导读

使用 Excel 办公不要太"死板",能直接用的免费表格资源(网站上的公共资源,或是 Excel 软件自带的模板)都可以"拿"来用,争取在最短的时间内以最高效的方式完成任务。

知识要点

- 在网站中下载表格
- 借用电子表格方案
- 套用已有复杂函数
- 借用表格模板
- 套用已有图表

1.1 下载网站中的表格

适用版本：2016、2013、2010、2007

1.1.1 在网站中直接下载

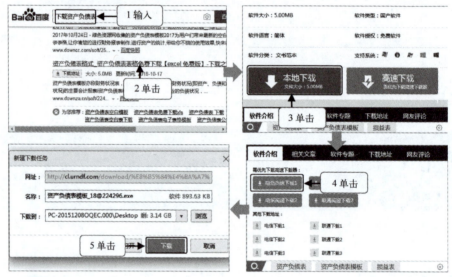

注解
Explain with notes

▶ **1 输入**（在搜索文本框中输入要下载的表格类型名，按〈Enter〉键搜索）
▶ **2 单击**（在搜索结果中，单击相应的超链接）
▶ **3 单击**（单击"本地下载"按钮）
▶ **4 单击**（单击"电信高速下载 1"按钮）
▶ **5 单击**（单击"下载"按钮下载表格）

补充 下载表格的网站

下载表格的网站很多，这里推荐 3 个网站：百度文库、豆丁网、下载之家。

1.1.2 在网店上购买

注解
Explain with notes

▶ **1 输入**（在京东网站搜索文本框中输入要购买下载的表格类型名，如"资

第 1 章　做一个会偷懒的人

产负债表")
- ▶ **2 选择**（选择需要购买的表格）
- ▶ **3 单击**（单击"加入购物车"按钮）

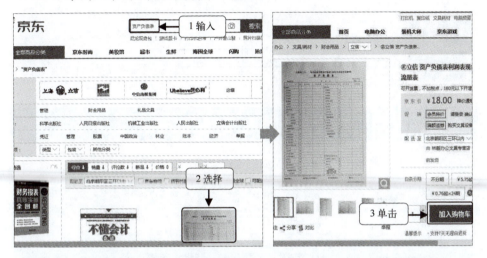

1.2　借用表格模板

适用版本：2016、2013、2010

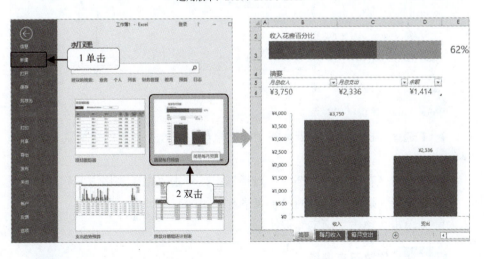

E 注解
xplain with notes

- ▶ **1 单击**（在"文件"界面中单击"新建"选项卡）
- ▶ **2 双击**（双击需要的表格模板）

> **补充** 查找各种表格模板

单击"建议的搜索"右侧的分类链接可直接搜索到对应类型的表格模板。

1.3 借用电子表格方案

适用版本：2016、2013、2010、2007

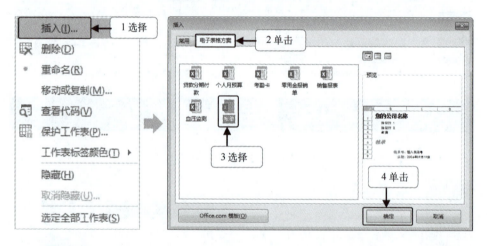

E 注解
xplain with notes

▶ **1 选择**（在任一工作表标签上单击鼠标右键，在弹出的快捷菜单中选择"插入"命令）

▶ **2 单击**（在弹出的"插入"对话框中，单击"电子表格方案"选项卡）

▶ **3 选择**（选择要插入的电子表格方案图标）

▶ **4 单击**（单击"确定"按钮）

> **补充** 修改已有表格

从其他地方调用的电子表格，通常需要修改表格结构，最常见的操作是字段的增加、减少或修改。

第1章 做一个会偷懒的人

调用的表格结构一定要与需要的表格结构相似或相近。如果完全相同就更好了，只需对数据进行修改完善即可。

1.4 套用已有图表

适用版本：2016、2013、2010、2007

注解 Explain with notes

▶ **1 选择**（选择单元格区域）
▶ **2 单击**（单击"推荐的图表"按钮，打开"更改图表类型"对话框）
▶ **3 单击**（单击"所有图表"选项卡）
▶ **4 选择**（选择"模板"选项）
▶ **5 双击**（双击图表模板）

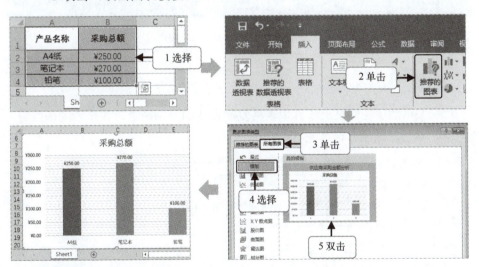

补充 保存图表模板

遇到一些特色图表或是心仪的图表时，可以将其保存为模板多次调用，只需在该图表上单击鼠标右键，选择"另存为模板"命令，在"保存图表模板"对话框中输入文件名，单击"保存"按钮即可，如下图所示。

Excel 达人手册：表格设计的重点、难点与疑点精讲

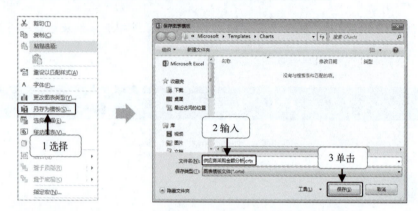

在保存图表模板时，不能更改图表保存路径，必须保持原有的路径，否则在调用模板时找不到图表模板。顺带补充一句，若要将表格保存为模板类型，只需在"另存为"对话框的"保存类型"右侧的下拉按钮的下拉菜单中选择"Excel模板"选项。

1.5 套用已有复杂函数

适用版本：2016、2013、2010、2007

E 注解
xplain with notes

▶ **1 粘贴**（在网页上或其他表格复制需要的复杂函数，如个税的函数等，然后粘贴到目标单元格中）

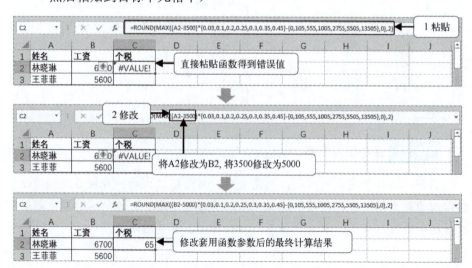

▶ **2 修改**（在编辑栏中将函数参数中的 A2 修改为 B2，将 3500 修改为 5000）

第 2 章

工作簿、表的操作

本章导读

如果将表格文件比作一本书，工作簿就像是书的外壳，工作表就像是书页，数据就像是书的内容。因此，在开始书写内容前，需先"解锁"外壳和书页的基本操作。

知识要点

- 新建空白工作簿
- 重命名工作表
- 隐藏工作表
- 删除工作表
- 保存工作簿
- 移动和复制工作表
- 插入工作表
- 修改标签颜色

Excel 达人手册：表格设计的重点、难点与疑点精讲

2.1　新建空白工作簿

适用版本：2016、2013、2010、2007

2.1.1　在 Excel 中新建工作簿

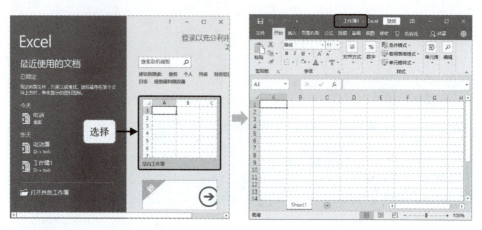

注解 Explain with notes

▶ 选择（启动 Excel，选择"空白工作簿"选项，新建空白表格）

>>> 2007 和 2010 版操作

第 2 章　工作簿、表的操作

★2.1.2　组合键新建空白工作簿

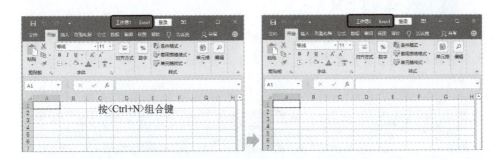

2.2　保存工作簿

适用版本：2016、2013、2010、2007

2.2.1　工作簿保存到新的位置或使用新文件名

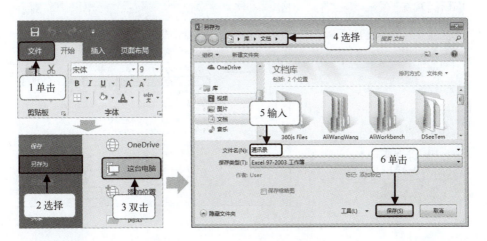

E 注解
xplain with notes

▶ **1 单击**（单击"文件"选项卡）
▶ **2 选择**（选择"另存为"选项）
▶ **3 双击**（双击"这台电脑"图标）
▶ **4 选择**（选择保存路径）
▶ **5 输入**（输入文件名）

—9—

▶ **6 单击**（单击"保存"按钮）

补充 保存工作簿

除了另存工作簿以外，还可以单击"保存"按钮或按〈Ctrl+S〉组合键将文件直接保存到当前位置，若是首次保存工作簿，Excel 将会打开"另存为"对话框。

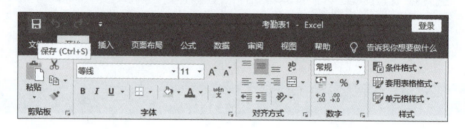

2.2.2 自动保存

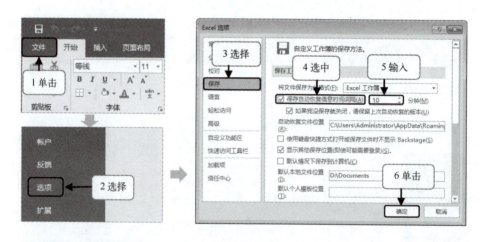

注解
E xplain with notes

▶ **1 单击**（单击"文件"选项卡）

▶ **2 选择**（选择"选项"选项，打开"Excel 选项"对话框）

▶ **3 选择**（选择"保存"选项）

▶ **4 选中**（选中"保存自动恢复信息时间间隔"复选框）

▶ **5 输入**（在数值框中输入间隔时间"10"）

▶ **6 单击**（单击"确定"按钮确认设置）

第 2 章 工作簿、表的操作

痛点 相同存储路径如何设置而避免重复选择

打开"Excel 选项"对话框,选择"保存"选项,选中"默认情况下保存到计算机"复选框,在"默认本地文件位置"文本框中输入默认保存路径,单击"确定"按钮保存设置。返回到表格中保存文件(保存路径为在"默认本地文件位置"文本框中输入的路径),之后保存的文件将自动存储到默认保存路径。

微课:相同存储路径如何设置而避免重复

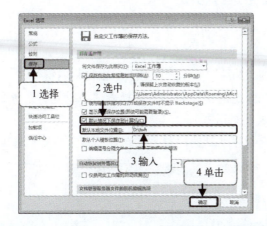

2.3 重命名工作表

适用版本:2016、2013、2010、2007

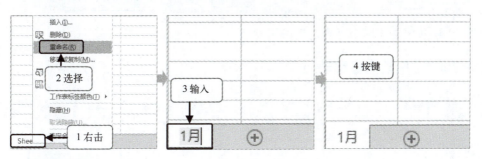

注解 Explain with notes

▶ **1 右击**(在工作表标签上单击鼠标右键)

- **2 选择**（在弹出的快捷菜单中选择"重命名"命令）
- **3 输入**（输入新的工作表名称，如"1 月"）
- **4 按键**（按〈Enter〉键或单击 Excel 其他区域确认命名）

2.4 移动或复制工作表

适用版本：2016、2013、2010、2007

2.4.1 在对话框中进行移动

E 注解
xplain with notes

- **1 右击**（在"3 月"工作表标签上单击鼠标右键）
- **2 选择**（在弹出的快捷菜单中选择"移动或复制"命令，打开"移动或复制工作表"对话框）
- **3 选择**（选择移动到的位置，如选择"移至最后"选项）

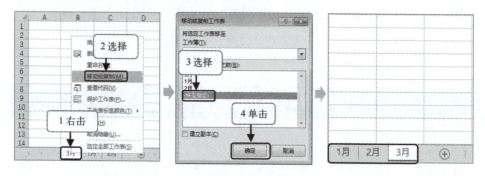

- **4 单击**（单击"确定"按钮）

★2.4.2 拖动鼠标移动

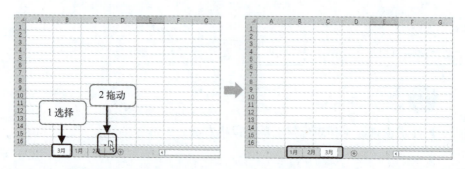

第 2 章　工作簿、表的操作

注解
explain with notes

- **1 选择**（选择"3 月"工作表标签）
- **2 拖动**（按住鼠标左键拖动至"2 月"表后）

补充　复制工作表

在 2.4.1 中复制工作表，只需在"移动或复制工作表"对话框中选中"建立副本"复选框然后单击"确定"按钮即可完成复制，如下图所示。在 2.4.2 中复制工作表，只需选择需复制的工作表标签，按住〈Ctrl〉键同时按住鼠标左键，拖动到目标位置释放鼠标左键即可完成复制。

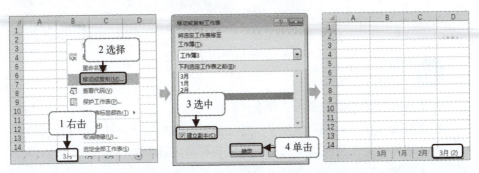

2.5　隐藏工作表

适用版本：2016、2013、2010、2007

★2.5.1　快捷命令隐藏

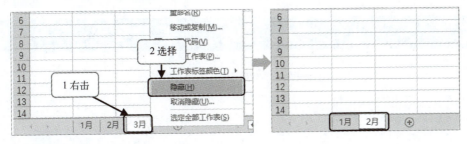

注解
explain with notes

- **1 右击**（在工作表标签"3 月"上单击鼠标右键）

▶ **2 选择**（在弹出的快捷菜单中选择"隐藏"命令隐藏该工作表）

2.5.2 功能选项隐藏

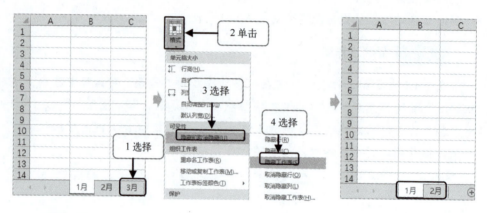

注解 Explain with notes

▶ **1 选择**（选择要隐藏的工作表"3月"）

▶ **2 单击**（在"开始"选项卡"单元格"组中单击"格式"下拉按钮）

▶ **3 选择**（在下拉选项中选择"隐藏和取消隐藏"选项）

▶ **4 选择**（在子选项中选择"隐藏工作表"选项）

补充　显示工作表

在任意工作表标签上单击鼠标右键弹出快捷菜单，选择"取消隐藏"命令，或在"取消隐藏"对话框中间的"取消隐藏工作表"列表框中选择相关选项，然后单击"确定"按钮就能显示工作表。

2.6　插入工作表

适用版本：2016、2013、2010、2007

★2.6.1　新建工作表

注解 Explain with notes

▶ **单击**（单击"新工作表"按钮新建空白工作表）

第 2 章　工作簿、表的操作

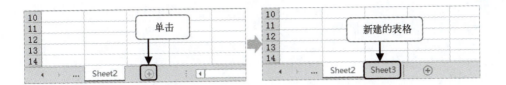

2.6.2　插入电子方案表格

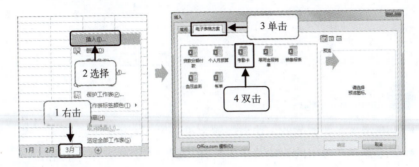

注解
Explain with notes

- **1 右击**（选择任意工作表并在其上单击鼠标右键）
- **2 选择**（在弹出的快捷菜单中选择"插入"命令）
- **3 单击**（在打开的对话框中单击"电子表格方案"选项卡）
- **4 双击**（在对话框中双击要插入的表格方案选项，如"考勤卡"）

痛点　无法正常插入工作表

无法插入工作表最直接的原因是工作表结构被保护，在快捷菜单中可以看到工作表标签"插入"命令呈灰色不可用状态，如右图所示，要让其恢复到可用状态，只需取消工作表结构保护。

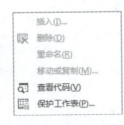

微课：无法正常插入工作表

2.7　删除工作表

适用版本：2016、2013、2010、2007

★2.7.1 快捷命令删除

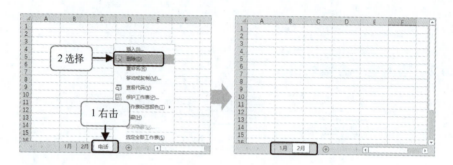

注解
xplain with notes

▶ **1 右击**（在要删除的工作表标签上单击鼠标右键）
▶ **2 选择**（在弹出的快捷菜单中选择"删除"命令，删除表格）

补充 删除工作表

表格中若有数据，在删除工作表时会打开"Microsoft Excel"对话框提示是否继续删除，单击"删除"按钮确认删除。

2.7.2 功能选项删除

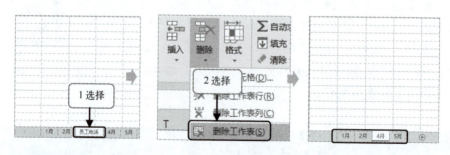

注解
xplain with notes

▶ **1 选择**（选择要删除的工作表，如"员工电话"工作表）

第 2 章　工作簿、表的操作

▶ **2 选择**（单击"单元格"组中的"删除"下拉按钮，在下拉选项中选择"删除工作表"命令删除"员工电话"工作表）

■ **2.7.3　删除多张不连续工作表**

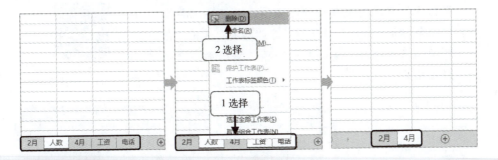

注解 Explain with notes

▶ **1 选择**（按住〈Ctrl〉键，单击要删除的工作表标签如"人数""工资""电话"工作表，并在任一工作表标签上单击鼠标右键）

▶ **2 选择**（在弹出的快捷菜单中选择"删除"命令删除工作表）

微课：删除多张不连续工作表

2.8　修改标签颜色

适用版本：2016、2013、2010、2007

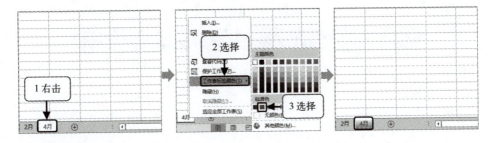

注解 Explain with notes

▶ **1 右击**（在"4 月"工作表标签上单击鼠标右键）

▶ **2 选择**（在弹出的快捷菜单中选择"工作表标签颜色"命令）

—17—

▶ **3 选择**（在弹出的子菜单的"标准色"栏下选择"红色"选项）

痛点　自定义颜色选项

若拾色器中没有想要的颜色选项，可选择"其他颜色"命令打开"颜色"对话框，在"标准"或是"自定义"选项卡中选择需要的颜色选项，然后单击"确定"按钮确认。

微课：自定义颜色选项

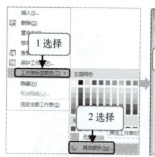 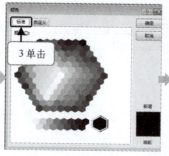 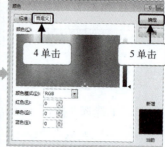

高手竞技场　制作考勤签到表

素材文件	云盘\高手竞技场\素材\第2章\考勤签到表.xlsx
结果文件	云盘\高手竞技场\结果\第2章\考勤签到表.xlsx

∨ 制作考勤签到表

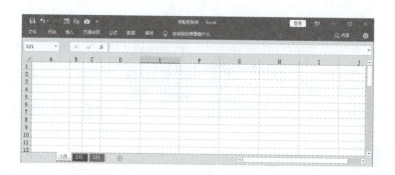

第 2 章　工作簿、表的操作

【关键操作点】——制作考勤签到表

第 1 步：新建工作簿并将其保存为"考勤签到表"。
第 2 步：将工作表标签重命名为"1 月"。
第 3 步：拖动复制工作表，并将工作表标签名称分别更改为"2 月""3 月"。
第 4 步：分别设置工作表标签颜色并保存工作簿。

第 3 章

单元格、行列的操作

本章导读

单元格和行列作为数据最直接的载体，直接决定数据的放置方式、编辑处理方法以及计算分析的角度。因此，单元格与行列的形态、位置以及大小等设置属于必备技能。在本章中向读者讲解单元格和行列的操作技能。

知识要点

- 插入单元格
- 调整行高、列宽
- 删除单元格
- 删除行或列

第 3 章 单元格、行列的操作

3.1 插入单元格

适用版本：2016、2013、2010、2007

★3.1.1 插入单个单元格

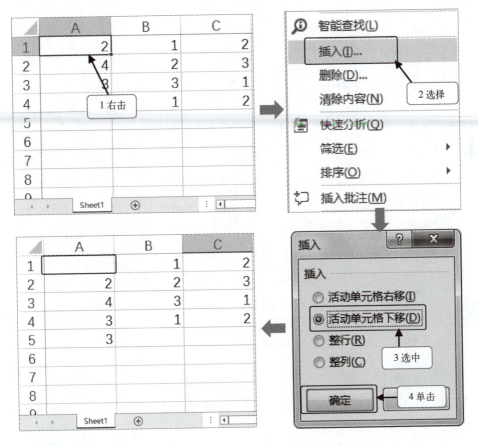

> **注解**
> Explain with notes

- **1 右击**（在要插入空白单元格的位置上单击鼠标右键）
- **2 选择**（在弹出的快捷菜单中选择"插入"命令）
- **3 选中**（在打开的"插入"对话框中选中"活动单元格下移"单选按钮）
- **4 单击**（单击"确定"按钮）

3.1.2 插入整列或整行单元格

注解 Explain with notes

▶ **1 右击**（在需要设置的单元格上单击鼠标右键）

▶ **2 选择**（选择"插入"命令，打开"插入"对话框）

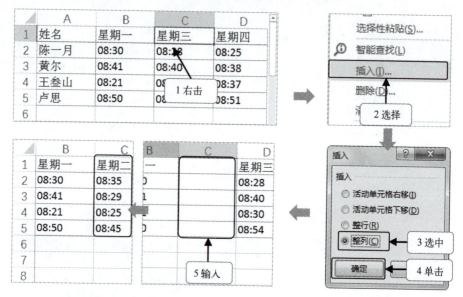

▶ **3 选中**（选中"整列"单选按钮）

▶ **4 单击**（单击"确定"按钮）

▶ **5 输入**（在插入的空白列中输入对应的数据）

补充 插入整行

要插入整行，只需在"插入"对话框中选中"整行"单选按钮，然后单击"确定"按钮即可。

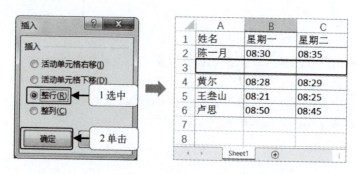

第3章 单元格、行列的操作

3.2 删除单元格

适用版本：2016、2013、2010、2007

注解 Explain with notes

- **1 右击**（在要删除的单元格上单击鼠标右键，弹出快捷菜单）
- **2 选择**（选择"删除"命令，打开"删除"对话框）
- **3 选中**（选中"右侧单元格左移"单选按钮）
- **4 单击**（单击"确定"按钮）

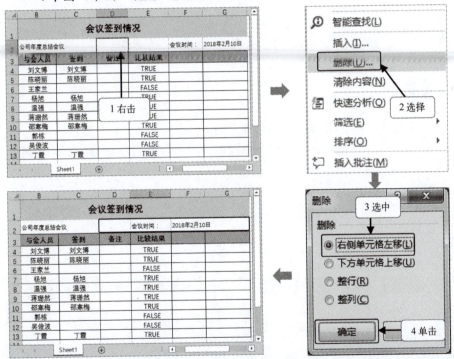

3.3 调整行高、列宽

适用版本：2016、2013、2010、2007

★3.3.1 拖动鼠标直接调整

注解 Explain with notes

- **1 移动**（将鼠标光标移至 A 与 B 列的交界处）

Excel 达人手册：表格设计的重点、难点与疑点精讲

▶ **2 拖动**（当鼠标光标变成 ✛ 形状时，按住鼠标左键不放拖动鼠标，调整列宽）

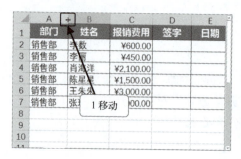 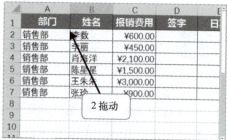

★3.3.2 让列宽、行高与数据长度、高度自动适应

E 注解
Explain with notes

▶ **1 移动**（将鼠标移动到列与列之间）

▶ **2 双击**（当鼠标光标变成 ✛ 形状时，双击鼠标自动调整列宽，让列的宽度自动适应数据长度）

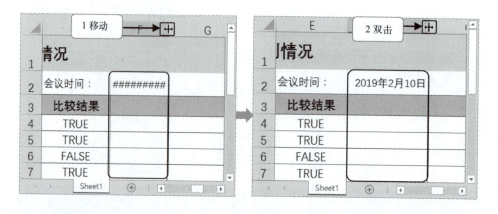

补充 自动调整行高

将鼠标光标移动至行与行的交界处，当鼠标光标变成 ✛ 形状时，双击鼠标，行高将自动调整至适应数据高度。

第 3 章 单元格、行列的操作

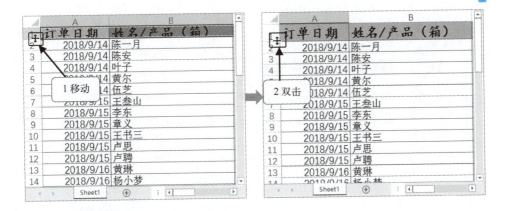

★3.3.3 指定列宽、行高

1. 指定列宽

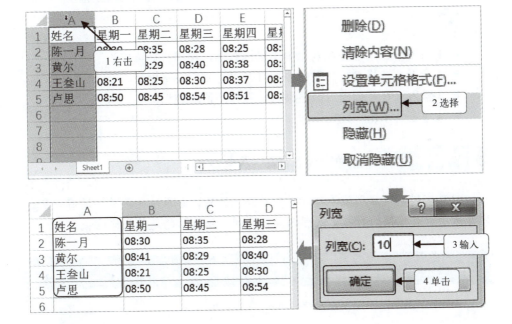

> **注解**
> Explain with notes

▶ **1 右击**（选择列并在其上单击鼠标右键，弹出快捷菜单）

▶ **2 选择**（选择"列宽"命令，打开"列宽"对话框）

▶ **3 输入**（在"列宽"数值框内输入列宽值"10"）

▶ **4 单击**（单击"确定"按钮）

2. 指定行高

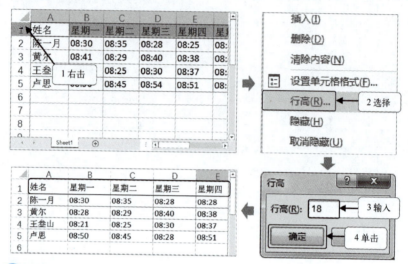

注解
Explain with notes

▶ **1 右击**（选择行并在其上单击鼠标右键，弹出快捷菜单）
▶ **2 选择**（选择"行高"命令，打开"行高"对话框）
▶ **3 输入**（在"行高"数值框内输入行高值"18"）
▶ **4 单击**（单击"确定"按钮）

痛点 快捷菜单中没有行高、列宽命令

行高、列宽顾名思义是对行或列的设置选项，如果快捷菜单中没有行高或列宽命令，最直接的原因是没有选择行或列，而选择的是单元格区域。

3.4 删除行或列

适用版本：2016、2013、2010、2007

★3.4.1 删除单行或单列

1. 删除单行

注解
Explain with notes

▶ **1 选择**（选择要删除的行，并在其上单击鼠标右键）

第3章 单元格、行列的操作

▶ **2 选择**（在弹出的快捷菜单中选择"删除"命令，删除选择的行）

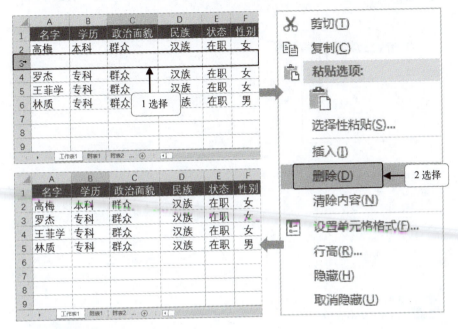

| 补充 | **删除多行** |

要同时删除多行，只需在选择单行的基础上多选择几行，然后单击鼠标右键在弹出的快捷菜单中选择"删除"命令。

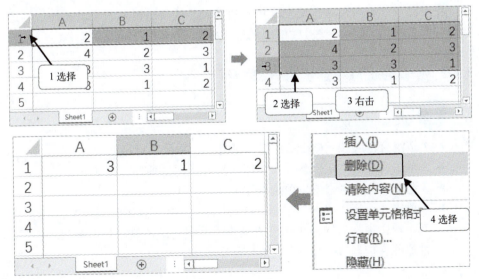

2. 删除整列

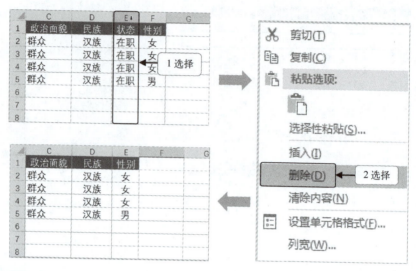

> **注解** xplain with notes

- **1 选择**（选择要删除的列，并在其上单击鼠标右键）
- **2 选择**（在弹出快捷菜单中选择"删除"命令）

> **补充** 删除多列

要同时删除多列，只需事先选择多列（对于连续的列可以拖动选择，不连续的列则在按住〈Ctrl〉键同时依次进行选择），然后执行删除列操作。

3.4.2 一次性删除不连续的 N 条空行

> **注解** xplain with notes

- **1 按组合键**（按〈Ctrl+G〉组合键打开"定位"对话框）
- **2 单击**（单击"定位条件"按钮，打开"定位条件"对话框）
- **3 选中**（选中"空值"单选按钮）
- **4 单击**（选择"确定"按钮，Excel 自动选择不连续 N 条空行，然后在其上单击鼠标右键，在弹出的快捷菜单中选择"删除"命令，即可一次性删除它们）

第 3 章 单元格、行列的操作

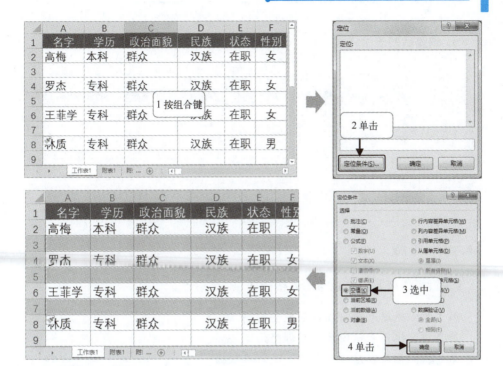

高手竞技场　　调整纸巾订单表格

素材文件	云盘\高手竞技场\素材\第3章\纸巾订单.xlsx
结果文件	云盘\高手竞技场\结果\第3章\纸巾订单.xlsx

▼ 调整前的表格样式

	A	B	C	D	E	F	G	H	I	J
1	订单日期	姓名/产品	得宝手帕纸	妮飘手帕纸	洁柔湿纸巾	维达抽纸	心心相印	清风抽纸	维达手帕	维达湿纸
2	2018/9/14	陈一月	5	6	2	6	2	6	2	2
3	2018/9/14	陈安	6	4	2	5	2	4	2	5
4	2018/9/14	叶子	5	6	2	2	2	6	2	2
5	2018/9/14	黄尔	3	4	5	3	4	4	5	4
6	2018/9/14	伍芝	5	5	3	2	5	5	5	5
7	2018/9/15	王叁山	3	2	3	6	5	5	2	5
8	2018/9/15	李东	7	2	4	5	2	6	2	5
9	2018/9/15	章义	4	6	3	4	3	6	5	2
10	2018/9/15	王书三	3	2	3	6	2	5	2	5
11	2018/9/15	卢思	4	6	2	5	2	5	2	5
12	2018/9/15	卢聘	8	4	5	6	2	5	9	5
13	2018/9/16	黄琳	4	6	2	3	2	5	2	5
14	2018/9/16	杨小梦	4	7	2	3	5	7	2	5
15	2018/9/16	黄里	4	6	2	5	2	5	5	5
16	2018/9/17	李晓晓	2	3	5	4	3	5	5	3

—29—

Excel 达人手册：表格设计的重点、难点与疑点精讲

▼ 调整后的表格样式

	A	B	C	D	E	F	G	
1	订单日期	姓名/产品（箱）	得宝手帕纸	妮飘手帕纸	洁柔湿纸巾	维达抽纸	心心相印卷纸	清
2	2018/9/14	陈一月	5	6	2	6	2	
3	2018/9/14	陈安	6	4	2	5	2	
4	2018/9/14	叶子	5	6	2	6	2	
5	2018/9/14	黄尔	3	4	5	3	4	
6	2018/9/14	伍芝	5	5	3	2	5	
7	2018/9/14	王小明	2	3	2	3	5	
8	2018/9/15	王叁山	3	2	3	6	5	
9	2018/9/15	李东	7	2	4	5	5	
10	2018/9/15	章义	4	6	3	4	5	
11	2018/9/15	王书三	3	2	3	6	5	
12	2018/9/15	卢思	4	6	3	4	5	
13	2018/9/15	卢聘	8	4	5	6	5	
14	2018/9/16	黄琳	4	6	2	3	5	
15	2018/9/16	杨小梦	4	7	2	3	5	

【关键操作点】——调整单元格行列

第1步：根据表格内容自动调整行高。

第2步：根据表格内容自动调整列宽。

第3步：插入客户"王小明"的订单数据。

第 4 章

数据的录入与导入

本章导读

在前面几章中已经讲解了基本的辅助技能,读者的基本功已经打牢,可以正式挑战实际数据。下面开始向读者介绍数据挑战的第一层"内功"——数据的录入与导入。

知识要点

- 输入相同数据
- 输入日期
- 输入百分数
- 输入身份证号
- 输入 m^2、m^3
- 导入文本数据
- 输入序列数据
- 输入时间
- 输入分数
- 输入特殊符号
- 输入自定义数据
- 获取图片数据

4.1 输入相同数据

适用版本：2016、2013、2010、2007

★4.1.1 直接输入

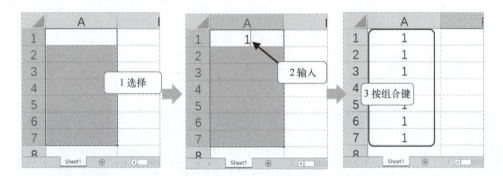

注解
Explain with notes

- **1 选择**（选择要输入相同数据的单元格）
- **2 输入**（输入数字、文本等数据）
- **3 按组合键**（按〈Ctrl+Enter〉组合键）

★4.1.2 填充输入

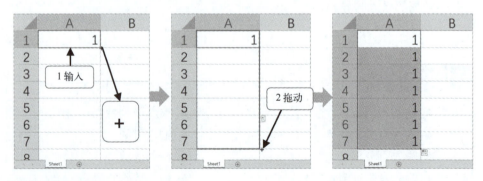

注解
Explain with notes

- **1 输入**（输入数字、文本等数据，将鼠标光标移到单元格右下角）

第4章 数据的录入与导入

▶ **2 拖动**（当鼠标光标变成+形状时，按住鼠标左键向下拖动填充）

痛点 数据行太多拖动很累

正常情况下，填充输入数据是需要在鼠标光标变成+形状时，按住鼠标左键向下拖动填充，如果需要填充的数据行太多，拖动起来将会十分麻烦。这时可以用一个便捷的方法，即选择数据单元格，将鼠标光标移到单元格右下角，当鼠标光标变成+形状时，双击鼠标左键完成填充。

4.2 输入序列数据

适用版本：2016、2013、2010、2007

★4.2.1 填充步长为1的序列数据

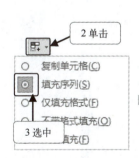

E 注解
xplain with notes

▶ **1 拖动**（拖动填充数字到指定行或是列）

-33-

- **2 单击**（单击"自动填充选项"下拉按钮）
- **3 选中**（选中"填充序列"单选按钮）

4.2.2 填充指定步长的序列数据

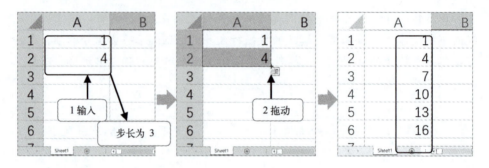

> **注解** xplain with notes

- **1 输入**（输入指定步长的两个数字）
- **2 拖动**（选择输入步长数据的单元格，将鼠标光标移到单元格区域的右下角，当鼠标光标变成加号+形状时，拖动鼠标填充）

4.3 输入日期

适用版本：2016、2013、2010、2007

4.3.1 输入 yyyy/mm/dd 型日期

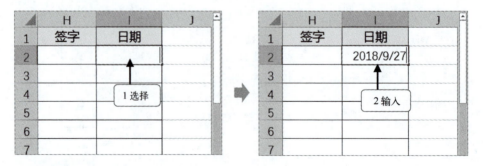

> **注解** xplain with notes

- **1 选择**（选择数据单元格）

第 4 章 数据的录入与导入

▶ **2 输入**（在表格中输入 yyyy/mm/dd 类型日期数据）

★4.3.2 输入 yy/mm/dd 型日期

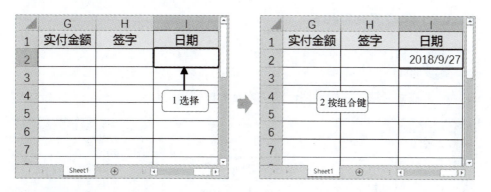

> **E 注解** xplain with notes

▶ **1 选择**（选择任一数据的单元格，按〈Ctrl+1〉组合键，打开"设置单元格格式"对话框）

▶ **2 单击**（单击"数字"选项卡）

▶ **3 选择**（选择"日期"选项）

▶ **4 选择**（选择"12/3/14"选项，按〈Enter〉键确认设置）

★4.3.3 快捷键输入当前日期

> **E 注解** xplain with notes

▶ **1 选择**（选择需要输入当前日期的单元格）

▶ **2 按组合键**（按〈Ctrl+;〉组合键录入当前日期）

★4.3.4 使用 TODAY 函数输入当前日期

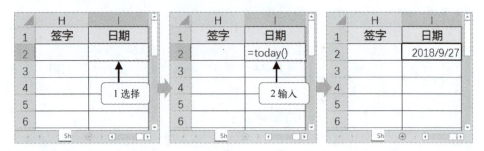

注解 Explain with notes

▶ **1 选择**（选择需要输入当前日期的单元格）

▶ **2 输入**（在单元格中输入 TODAY 函数"=today()"，按〈Enter〉键输入当前日期）

答疑 利用组合键输入当前日期与使用 TODAY 函数输入当前日期的区别

使用〈Ctrl+;〉组合键输入当前日期拖动鼠标填充时，会填充输入序列日期；而当填充使用 TODAY 函数输入的当前日期时，只能填充 TODAY 函数，将会得到完全相同的日期数据。

★4.3.5 拖动填充工作日

注解 Explain with notes

▶ **1 拖动**（输入起始日期，拖动填充数据到指定行）

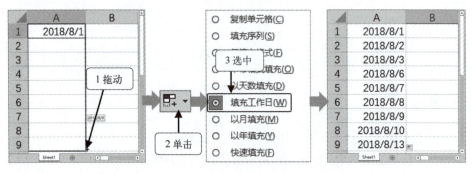

▶ **2 单击**（单击"自动填充选项"下拉按钮）

第 4 章 数据的录入与导入

▶ **3 选中**（选中"填充工作日"单选按钮）

4.4 输 入 时 间

适用版本：2016、2013、2010、2007

4.4.1 输入指定时间

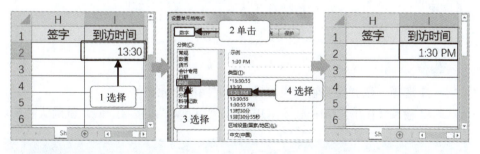

E 注解
xplain with notes

▶ **1 选择**（选择需要输入时间的单元格）

▶ **2 输入**（在单元格中输入指定时间）

4.4.2 输入 1:30 PM 格式的时间

E 注解
xplain with notes

▶ **1 选择**（选择时间数据单元格，按〈Ctrl+1〉组合键，打开"设置单元格格式"对话框）

▶ **2 单击**（单击"数字"选项卡）

▶ **3 选择**（选择"时间"选项）

▶ **4 选择**（选择"1:30PM"类型，按〈Enter〉键）

*4.4.3 快捷键输入当前时间

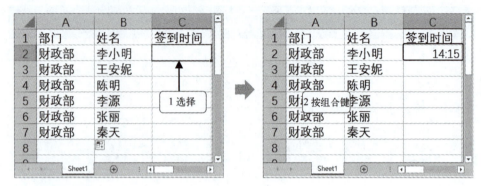

E 注解
xplain with notes

▶ **1 选择**（选择需要输入时间的单元格）

▶ **2 按组合键**（按〈Ctrl+Shift+;〉组合键）

★4.4.4 使用 NOW 函数输入当前日期和时间

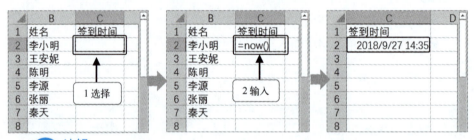

E 注解
xplain with notes

▶ **1 选择**（选择需要输入当前日期和时间的单元格）

▶ **2 输入**（在单元格中输入 NOW 函数 "=now()"，按〈Enter〉键确认输入）

4.5 输入百分数

适用版本：2016、2013、2010、2007

4.5.1 直接输入

E 注解
xplain with notes

▶ **1 选择**（选择需要输入百分数的单元格）

第4章 数据的录入与导入

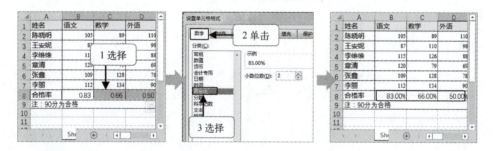

▶ **2 输入**（输入相应的数据：数字+%）

★**4.5.2 转换输入**

> **E 注解**
> xplain with notes

▶ **1 选择**（选择需要转换为百分数的数据单元格区域，按〈Ctrl+1〉组合键，打开"设置单元格格式"对话框）

▶ **2 单击**（单击"数字"选项卡）

▶ **3 选择**（选择"百分比"选项，在右侧的"小数位数"数值框中输入小数位数，然后按〈Enter〉键确认设置）

4.6 输入分数

适用版本：2016、2013、2010、2007

> **E 注解**
> xplain with notes

▶ **1 选择**（选择需要输入分数的单元格）

—39—

Excel 达人手册：表格设计的重点、难点与疑点精讲

▶ **2 输入**（输入 "0"，然后输入空格，接着输入分数格式 "数字/数字"，例如 2/3，按〈Enter〉键）

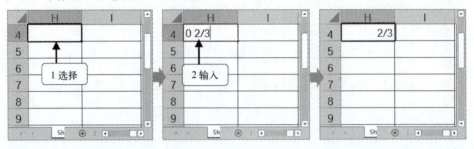

4.7 输入身份证号

适用版本：2016、2013、2010、2007

★4.7.1 直接输入

注解
Explain with notes

▶ **1 输入**（切换到英文输入法状态，输入单引号）
▶ **2 输入**（输入身份证号）

4.7.2 转换为文本类型

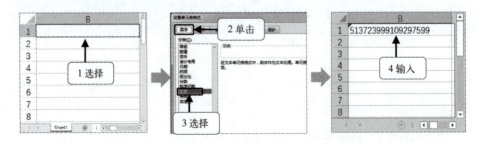

—40—

第 4 章 数据的录入与导入

> **注解**
> Explain with notes

- ▶ **1 选择**（选择单元格，按〈Ctrl+1〉键，打开"设置单元格格式"对话框）
- ▶ **2 单击**（单击"数字"选项卡）
- ▶ **3 选择**（选择"文本"选项，按〈Enter〉键或是单击"确定"按钮）
- ▶ **4 输入**（在单元格中输入身份证号）

4.8 输入中文大小写数字

适用版本：2016、2013、2010、2007

★4.8.1 输入中文大写数字：壹万玖仟捌佰陆拾

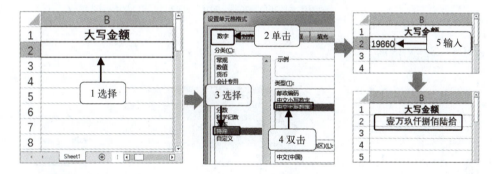

> **注解**
> Explain with notes

- ▶ **1 选择**（选择单元格，按〈Ctrl+1〉组合键打开"设置单元格格式"对话框）
- ▶ **2 单击**（单击"数字"选项卡）
- ▶ **3 选择**（选择"特殊"选项）
- ▶ **4 双击**（在"类型"文本框中双击"中文大写数字"）
- ▶ **5 输入**（输入数字，按〈Enter〉键确认）

*4.8.2 输入法输入中文大写数字

> **注解**
> Explain with notes

- ▶ **1 选择**（选择需要输入的单元格）

▶ **2 输入**（用搜狗输入法输入大写数字）

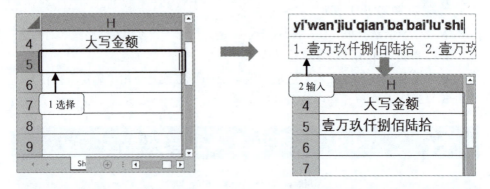

4.9　输入特殊符号

适用版本：2016、2013、2010、2007

4.9.1　插入特殊符号

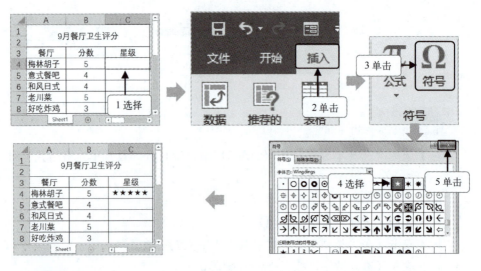

E 注解
xplain with notes

▶ **1 选择**（选择单元格）

▶ **2 单击**（单击"插入"选项卡）

▶ **3 单击**（单击"符号"按钮，打开"符号"对话框）

第 4 章 数据的录入与导入

▶ **4 选择**（选择需要的符号）
▶ **5 单击**（单击"关闭"按钮）

*4.9.2 输入法输入特殊符号

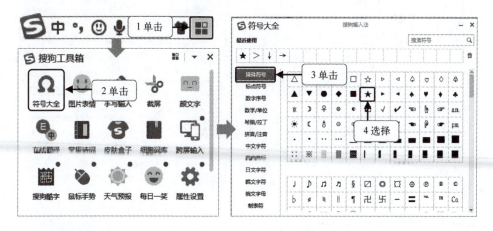

E 注解 xplain with notes

▶ **1 单击**（在输入法的浮动栏中单击"工具箱"按钮，打开"搜狗工具箱"）
▶ **2 单击**（单击"符号大全"按钮，弹出"符号大全"对话框）
▶ **3 单击**（单击"特殊符号"选项）
▶ **4 选择**（选择需要的特殊符号输入到单元格中）

4.10 输入 m^2、m^3

适用版本：2016、2013、2010、2007

4.10.1 使用输入法输入 m^2、m^3

E 注解 xplain with notes

▶ **1 选择**（选择单元格）
▶ **2 输入**（在单元格中输入"平方米"）
▶ **3 选择**（选择"m^2"）
▶ **4 输入**（在单元格中输入"立方米"）

▶ **5 选择**（选择"m³"）

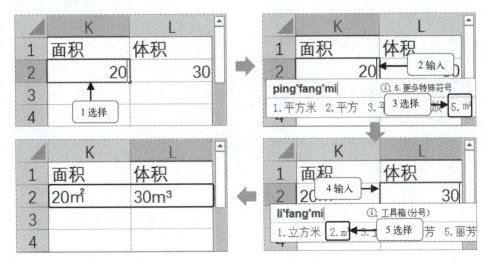

4.10.2 使用上标输入 m²、m³

注解 xplain with notes

▶ **1 选择**（选择单元格中的上标，打开"设置单元格格式"对话框）
▶ **2 单击**（单击"字体"选项卡）
▶ **3 选中**（选中"上标"复选框，单击"确定"按钮或按〈Enter〉键确认）

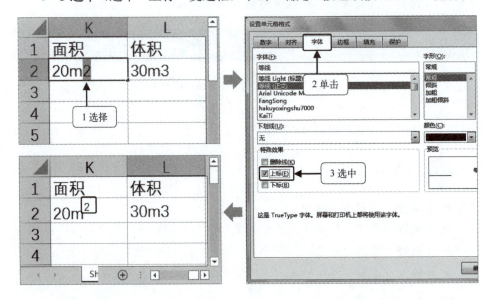

第4章 数据的录入与导入

4.10.3 使用插入符号输入 m^2、m^3

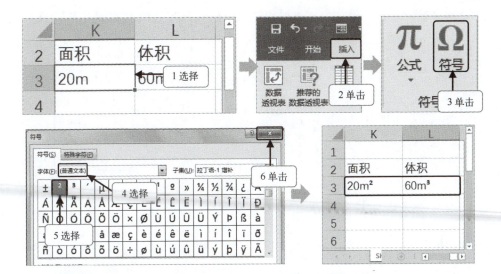

> **注解**
> Explain with notes

- ▶ **1 选择**（选择单元格）
- ▶ **2 单击**（单击"插入"选项卡）
- ▶ **3 单击**（单击"符号"按钮，打开"符号"对话框）
- ▶ **4 选择**（选择"字体"为"普通文本"选项）
- ▶ **5 选择**（选择上标，同种方法输入 m^3）
- ▶ **6 单击**（单击"关闭"按钮）

4.11 输入自定义数据

适用版本：2016、2013、2010、2007

4.11.1 为数字添加单位"万"

> **注解**
> Explain with notes

- ▶ **1 选择**（选择单元格，按〈Ctrl+1〉组合键打开"设置单元格格式"对话框）

▶ **2 单击**（单击"数字"选项卡）
▶ **3 选择**（选择"自定义"选项）
▶ **4 输入**（在"类型"文本框内输入单位"万"，例如"G/通用格式万"，单击"确定"按钮）

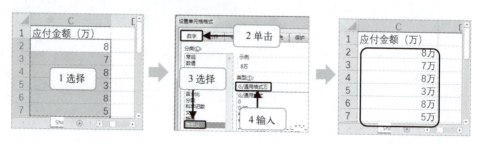

4.11.2 输入指定样式的数据

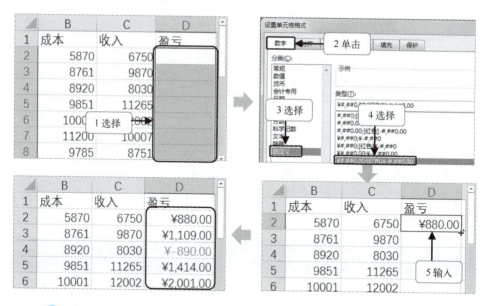

▶ **1 选择**（选择需要设置的单元格区域，按〈Ctrl+1〉组合键，打开"设置单元格格式"对话框）
▶ **2 单击**（单击"数字"选项卡）
▶ **3 选择**（选择"自定义"选项）
▶ **4 选择**（选择"类型"为"¥#,##0.00;[红色]¥-#,##0.00"选项，单击"确

第 4 章 数据的录入与导入

定"按钮或是按〈Enter〉键

▶ **5 输入**（输入相应的数据）

4.12 利用自动更正输入数据

适用版本：2016、2013、2010、2007

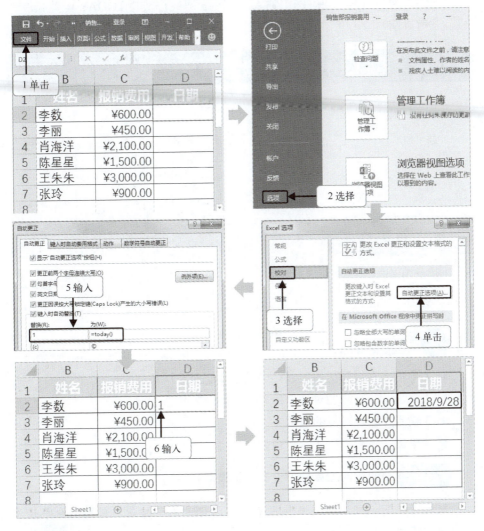

注解
xplain with notes

▶ **1 单击**（单击"文件"选项卡切换到文件菜单页面）

—47—

- **2 选择**（选择"选项"选项，打开"Excel 选项"对话框）
- **3 选择**（选择"校对"选项、）
- **4 单击**（单击"自动更正选项"按钮，打开"自动更正"对话框）
- **5 输入**（分别在"替换""为"文本框内输入相应的数据，并单击"确定"按钮）
- **6 输入**（在单元格中输入刚设置的替换数据，按〈Enter〉键输入刚设置的"为"数据，如本例中输入"1"，立即被替换为 TODAY 函数获取当前日期）

4.13 利用记录单录入数据

适用版本：2016、2013、2010、2007

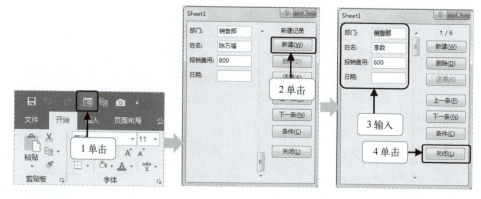

注解 Explain with notes

- **1 单击**（在快速访问工具栏中单击"记录单"按钮）
- **2 单击**（在打开的对话框中单击"新建"按钮）
- **3 输入**（输入对应的数据）
- **4 单击**（单击"关闭"按钮）

答疑 快速访问工具栏中没有"记录单"按钮

默认情况下，快速访问工具栏中没有"记录单"按钮，需要用户手动添加，操作流程如下。

第 4 章 数据的录入与导入

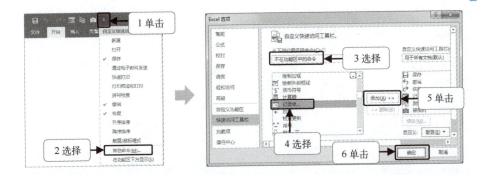

4.14 导入文本数据

适用版本：2016、2013、2010、2007

★4.14.1 手动导入文本数据

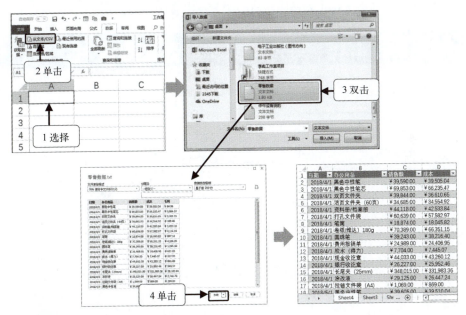

E 注解
xplain with notes

▶ **1 选择**（选择导入数据的起始位置）

▶ **2 单击**（单击"数据"选项卡中的"自文本/CSV"按钮）

▶ **3 双击**（双击要导入的文本文件）

▶ **4 单击**（单击"加载"按钮）

4.14.2 直接粘贴文本数据

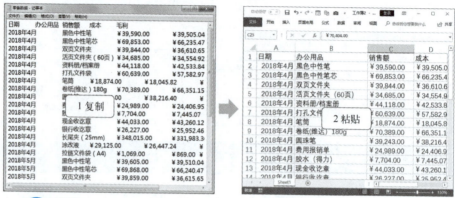

注解 Explain with notes

▶ **1 复制**（选择文本中的所有数据，按〈Ctrl+C〉组合键复制）
▶ **2 粘贴**（在 Excel 表格中按〈Ctrl+V〉组合键粘贴）

4.15 导入网页中的表格数据

适用版本：2016、2013、2010、2007

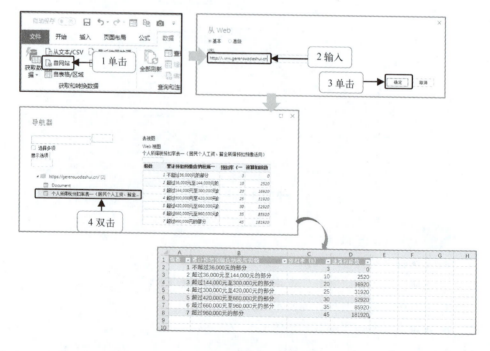

第4章 数据的录入与导入

E 注解 xplain with notes

▶ **1 单击**（单击"自网站"按钮打开"WEB"面板）
▶ **2 输入**（在"URL"文本框中输入网址）
▶ **3 单击**（单击"确定"按钮搜索）
▶ **4 双击**（双击表格项）

补充 如何更新网页数据

网页中导入的数据并不是孤立的，它与网页数据有相应的连接关系。因此，用户可通过设置刷新获取到最新的数据。

答疑 为什么不能直接复制粘贴网页中的数据

在 Excel 中导入网页数据是指导入网页中的表格数据，而不是一般的零散数据。因此，可能无法直接复制粘贴到表格中，即使是能够复制粘贴的数据也带有网页格式，也就是 HTML 格式。这种格式的数据复制到表格中需要花费大量的时间处理，如删除空白单元格、移动数据位置、补全残缺数据等，导致工作效率和表格质量下降，得不偿失。

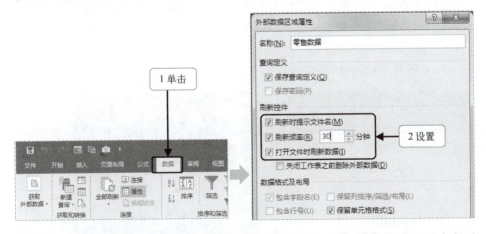

若用户一定要用复制粘贴的方法获取网页中的数据，建议使用无格式粘贴（复制数据后，在表格中单击"粘贴"下拉按钮，选择"值"选项，如下图所示），减少后续数据格式处理的操作。

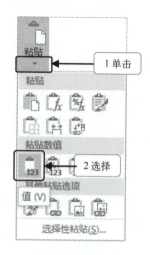

*4.16 两步获取图片中的数据

适用版本：手机 QQ

E 注解
xplain with notes

▶ **1 选择**（在手机上使用 QQ 传图功能，将图片发送另一 QQ 号，点开大图片并在其上长按 4 秒左右，在弹出的菜单中选择"提取图中文字"命令，提取图中数据）

▶ **2 复制**（复制提取的数据）

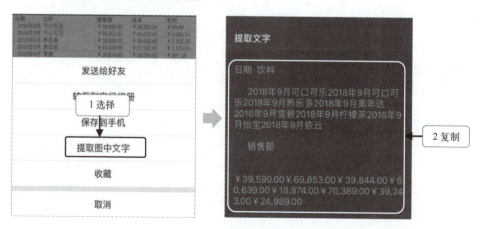

第 4 章　数据的录入与导入

*4.17　使用 VLOOKUP 函数自动匹配数据

适用版本：2016、2013、2010、2007

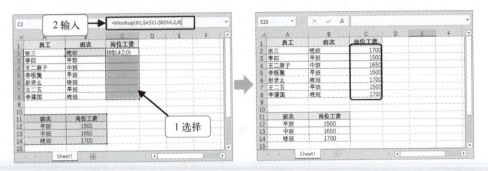

注解
Explain with notes

▶ **1 选择**（选择自动匹配数据单元格区域）

▶ **2 输入**（在编辑栏中输入 VLOOKUP 函数，按〈Ctrl+Enter〉组合键确认并得出自动匹配数据结果）

痛点　使用 VLOOKUP 函数查找数据总是出错

　　使用 VLOOKUP 函数自动查找匹配数据十分便捷，但是有时候会突然提示数据匹配错误。根据笔者经验，最直接的原因是最后一位参数缺失（近似匹配"0"和精确匹配"1"），即使不添加 0 和 1，也需要有结构占位符逗号"，"，如函数"=VLOOKUP(B3,$A$11:$B$14, 2,0)"可改写成"=VLOOKUP(B3,$A$11:$B$14,2,)"但不能写成"=VLOOKUP (B3,$A$11:$B$14, 2)"。

高手竞技场　制作工作进度表

素材文件	云盘\高手竞技场\素材\第4章\工作进度表.xlsx
结果文件	云盘\高手竞技场\结果\第4章\工作进度表.xlsx

Excel 达人手册：表格设计的重点、难点与疑点精讲

▼ 录入工作进度表数据后的样式

	A	B	C	D	E
1	工作日	工作内容	当前完成量	总任务量	完成比例
2	2019/11/1	创作	65 页	300 页	21.67%
3	2019/11/4	排版	30 页	300 页	10.00%
4	2019/11/5	校对	48 页	300 页	16.00%
5	2019/11/6	创作	30 页	300 页	10.00%
6	2019/11/7	校对	60 页	300 页	20.00%
7	2019/11/8	创作	30 页	300 页	10.00%
8	2019/11/11	校对	98 页	300 页	32.67%
9	2019/11/12	创作	30 页	300 页	10.00%
10	2019/11/13	创作	87 页	300 页	29.00%
11	2019/11/14	校对	30 页	300 页	10.00%
12	2019/11/15	创作	30 页	300 页	10.00%
13	2019/11/18	创作	65 页	300 页	21.67%
14	2019/11/19	排版	30 页	300 页	10.00%

【关键操作点】——数据的录入

第 1 步：在 A2:A14 中输入"工作日"数据。

第 2 步：在"工作内容"列中输入相应的工作内容数据。

第 3 步：为"当前完成量"和"总任务量"数据添加单位"页"。

第 4 步：将"完成比例"列数据类型转换为"百分比"。

第 5 章

数据的限制

本章导读

　　让他人填写的表格，必须对表格中的数据进行限定：让符合要求的数据"进来"，不符合要求的数据"出去"。以此来规范表格数据内容，否则后期的数据处理与编辑非常繁杂，直接拉低工作效率和进度。

知识要点

- 限制录入的日期范围
- 限制单元格的输入字数
- 限制录入的数据为小数
- 添加录入限制的提示
- 圈释不符合要求的数据
- 删除数据验证
- 提供录入选项"男""女"
- 限制录入的数据为整数
- 限制输入文本
- 添加录入错误的警告
- 自动定位所有的数据限制单元格

Excel 达人手册：表格设计的重点、难点与疑点精讲

5.1 限制录入的日期范围

适用版本：2016、2013、2010、2007

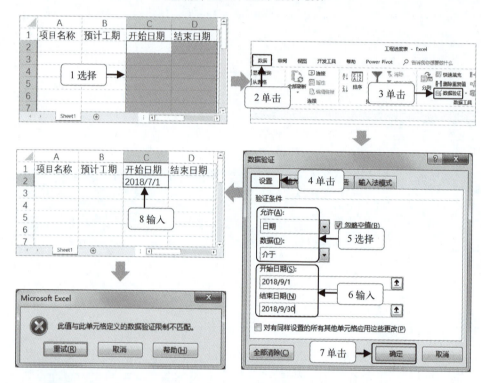

E 注解
xplain with notes

▶ **1 选择**（选择需要限定日期范围的单元格区域）

▶ **2 单击**（单击"数据"选项卡）

▶ **3 单击**（单击"数据验证"按钮打开"数据验证"对话框）

▶ **4 单击**（单击"设置"选项卡）

▶ **5 选择**（选择"允许"和"数据"选项分别为"日期"和"介于"）

▶ **6 输入**（在"开始日期""结束日期"文本框内输入相应的日期数据）

▶ **7 单击**（单击"确定"按钮）

▶ **8 输入**（在单元格中输入不在限定日期范围的数据，Excel 自动打开对话框提示数据不匹配）

第 5 章 数据的限制

5.2 提供录入选项"男""女"

适用版本：2016、2013、2010、2007

E 注解
xplain with notes

▶ **1 选择**（选择需要添加下拉序列选项的单元格区域）

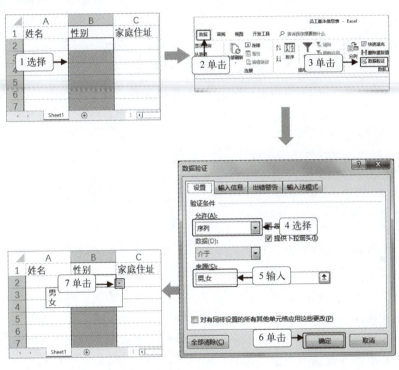

▶ **2 单击**（单击"数据"选项卡）

▶ **3 单击**（单击"数据验证"按钮，打开"数据验证"对话框）

▶ **4 选择**（选择"序列"选项）

▶ **5 输入**（在"来源"文本框内输入序列数据，如"男""女"）

▶ **6 单击**（单击"确定"按钮）

▶ **7 单击**（选择并单击单元格右侧出现的下拉按钮，在弹出的下拉选项中选择数据录入）

5.3 限制单元格的输入字数

适用版本：2016、2013、2010、2007

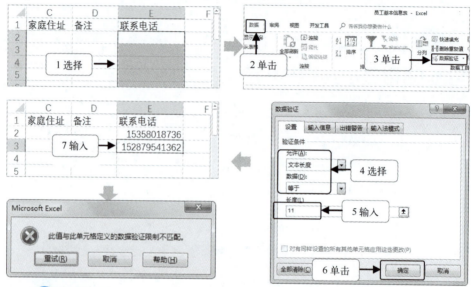

E 注解 xplain with notes

- ▶ **1 选择**（选择要限定数字长度的单元格或单元格区域）
- ▶ **2 单击**（单击"数据"选项卡）
- ▶ **3 单击**（单击"数据验证"按钮，打开"数据验证"对话框）
- ▶ **4 选择**（选择"验证条件"选项分别为"文本长度"和"等于"）
- ▶ **5 输入**（在"长度"文本框内输入限定长度数字）
- ▶ **6 单击**（单击"确定"按钮）
- ▶ **7 输入**（在单元格中输入超出长度的数据，Excel 自动打开对话框提示数据不匹配）

5.4 限制录入的数据为整数

适用版本：2016、2013、2010、2007

E 注解 xplain with notes

- ▶ **1 选择**（选择需要设置的单元格区域）

第 5 章　数据的限制

- ▶ **2 单击**（单击"数据"选项卡）
- ▶ **3 单击**（单击"数据验证"按钮，打开"数据验证"对话框）
- ▶ **4 选择**（选择"允许""数据"选项分别为"整数"和"介于"）
- ▶ **5 输入**（在"最大值""最小值"文本框内输入相应的数据）
- ▶ **6 单击**（单击"确定"按钮）
- ▶ **7 输入**（在单元格中输入非整数，Excel 自动打开对话框提示数据不匹配）

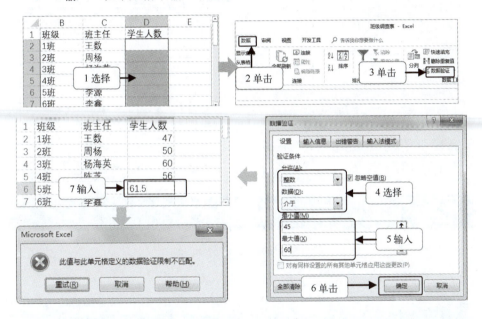

5.5　限制录入的数据为小数

适用版本：2016、2013、2010、2007

E 注解
xplain with notes

- ▶ **1 选择**（选择需要限定为小数的单元格区域）
- ▶ **2 单击**（单击"数据"选项卡）
- ▶ **3 单击**（单击"数据验证"按钮，打开"数据验证"对话框）
- ▶ **4 单击**（单击"设置"选项卡）
- ▶ **5 选择**（选择"允许"和"数据"选项分别为"小数"和"介于"）
- ▶ **6 输入**（在"最小值"和"最大值"文本框中输入范围数字）
- ▶ **7 单击**（单击"确定"按钮）

▶ 8 输入（在单元格中输入限定外的数据时，Excel 自动打开对话框提示数据不匹配）

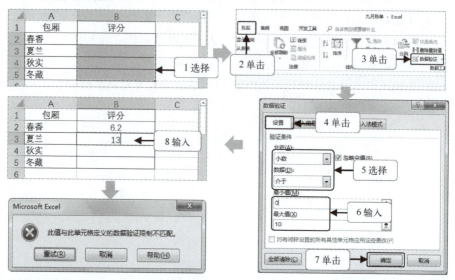

5.6 限制输入文本

适用版本：2016、2013、2010、2007

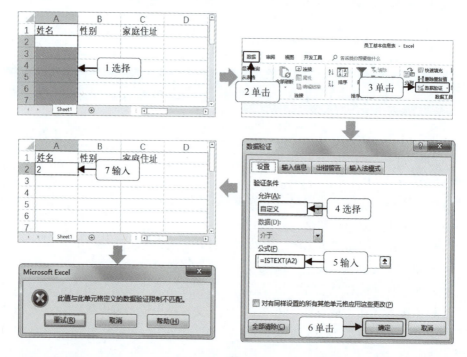

第 5 章 数据的限制

注解
explain with notes

- **1 选择**（选择需要限定为文本的单元格区域）
- **2 单击**（单击"数据"选项卡）
- **3 单击**（单击"数据验证"按钮，打开"数据验证"对话框）
- **4 选择**（选择"允许"为"自定义"选项）
- **5 输入**（在公式文本框内输入文本限定函数"=ISTEXT(A2)"）
- **6 单击**（单击"确定"按钮）
- **7 输入**（在单元格中输入非文本数据，Excel 自动打开对话框提示的数据不匹配）

5.7 添加录入限制的提示

适用版本：2016、2013、2010、2007

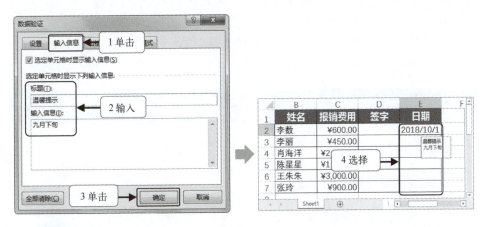

注解
explain with notes

- **1 单击**（选择目标单元格区域后，在打开的"数据验证"对话框中单击"输入信息"选项卡）
- **2 输入**（在"标题""输入信息"文本框内分别输入提示标题和提示内容）
- **3 单击**（单击"确定"按钮确认设置）
- **4 选择**（设置完成后，当选择目标单元格区域时，会提示录入限制信息）

Excel 达人手册：表格设计的重点、难点与疑点精讲

5.8　添加录入错误的警告

适用版本：2016、2013、2010、2007

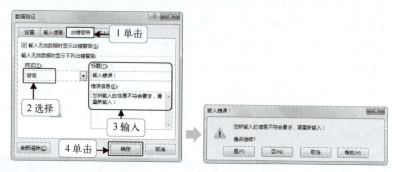

E 注解
Explain with notes

- ▶ **1 单击**（在打开的"数据验证"对话框中单击"出错警告"选项卡）
- ▶ **2 选择**（选择"样式"选项为"警告"）
- ▶ **3 输入**（分别在"标题"和"错误信息"文本框中输入警告标题和内容）
- ▶ **4 单击**（单击"确定"按钮）

5.9　圈释不符合要求的数据

适用版本：2016、2013、2010、2007

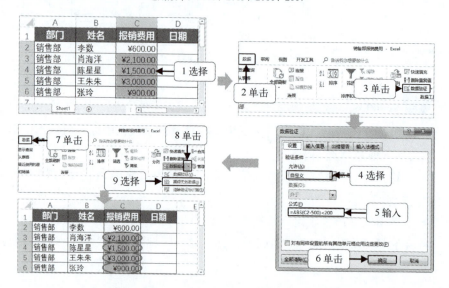

-62-

第 5 章 数据的限制

E 注解
xplain with notes

- **1 选择**（选择目标单元格区域）
- **2 单击**（单击"数据"选项卡）
- **3 单击**（单击"数据验证"按钮，打开"数据验证"对话框）
- **4 选择**（选择"允许"为"自定义"选项）
- **5 输入**（在"公式"文本框内输入公式）
- **6 单击**（单击"确定"按钮）
- **7 单击**（单击"数据"选项卡）
- **8 单击**（单击"数据验证"下拉按钮）
- **9 选择**（选择"圈释无效数据"选项，Excel 自动圈释不符合要求数据）

■ 5.10 自动定位所有的数据限制单元格

适用版本：2016、2013、2010、2007

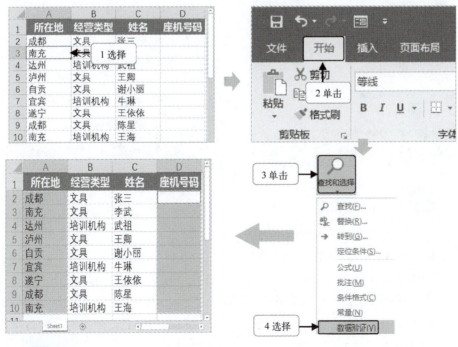

E 注解
xplain with notes

- **1 选择**（选择任一数据单元格）

Excel 达人手册：表格设计的重点、难点与疑点精讲

▶ **2 单击**（单击"开始"选项卡）

▶ **3 单击**（单击"查找和选择"下拉按钮）

▶ **4 选择**（选择"数据验证"选项，Excel 自动将所有添加数据限制的单元格区域选定）

5.11　删除数据验证

适用版本：2016、2013、2010、2007

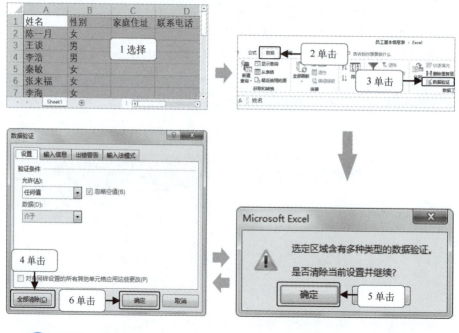

E 注解 xplain with notes

▶ **1 选择**（选择所有数据单元格）

▶ **2 单击**（单击"数据"选项卡）

▶ **3 单击**（单击"数据验证"按钮，打开"数据验证"对话框）

▶ **4 单击**（单击"全部清除"按钮）

▶ **5 单击**（在打开的提示对话框中单击"确定"按钮，确认清除所有数据验证并继续）

▶ **6 单击**（单击"确定"按钮）

第 5 章 数据的限制

> **补充** 单一数据验证清除不打开对话框询问

若表格中的数据验证只有一种,比如序列选项或限定数据范围等,在清除时不会打开对话框询问是否继续清除并继续,而是直接清除,也就没有上面的"5 单击"操作。

高手竞技场 制作差旅费统计表

素材文件	云盘\高手竞技场\素材\第5章\差旅费用统计表.xlsx
结果文件	云盘\高手竞技场\结果\第5章\差旅费用统计表.xlsx

▼ 在表中添加数据验证后的样式效果

【关键操作点】——对数据进行限制

第 1 步:对"所属部门"列添加部门数据下拉选项。

第 2 步:将"费用产生日期"列的日期数据限定为"2019/1/1～2019/12/31",并为其添加录入提示信息。

第 3 步:分别限定"交通费用""住宿费用"和"膳食费用"的金额范围。

第 6 章

数据的处理与编辑

本章导读

表格中的数据就像是工业品的"原料",要让工业品更加规范、协调和美观,就必须对数据进行处理与编辑,将不需要的数据剔除,把太"尖锐"的数据"棱角"去掉、缺失的数据补全等。下面为大家讲解工作中最实用的数据编辑与处理技巧。

知识要点

- 复制和粘贴数据
- 更改数据
- 会计数字格式转换
- 小数位数的添加和减少
- 同一单元格中显示多行数据
- 行列转置
- 筛选文本
- 移动数据
- 删除数据
- 百分比类型数据转换
- 用颜色标记数据
- 将一列数据拆分为多列数据
- 筛选数字

第 6 章 数据的处理与编辑

6.1 复制和粘贴数据

适用版本：2016、2013、2010、2007

★6.1.1 粘贴为数值

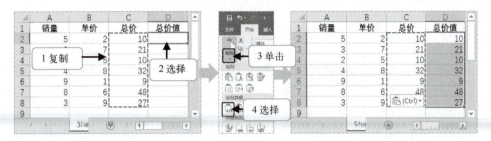

注解
Explain with notes

▶ **1 复制**（按〈Ctrl+C〉组合键复制所选区域数据）
▶ **2 选择**（选择粘贴的起始单元格）
▶ **3 单击**（单击"粘贴"下拉按钮）
▶ **4 选择**（选择"值"选项）

▶▶ 2007 版操作

★6.1.2 粘贴数据时列宽不变

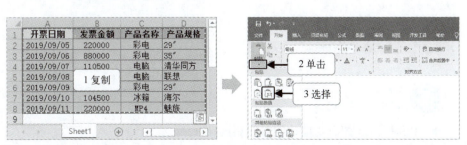

—67—

> **注解**
> Explain with notes

- **1 复制**（选择要复制的单元格区域，按〈Ctrl+C〉组合键复制，选择粘贴位置的起始单元格）
- **2 单击**（单击"粘贴"下拉按钮）
- **3 选择**（选择"保留源列宽"选项）

6.1.3 粘贴数据时去掉边框线条

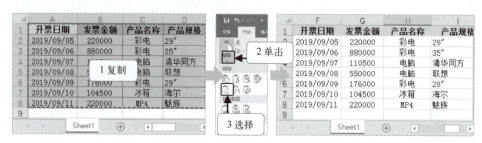

> **注解**
> Explain with notes

- **1 复制**（按〈Ctrl+C〉组合键复制数据区域，选择粘贴位置起始单元格）
- **2 单击**（单击"粘贴"下拉按钮）
- **3 选择**（选择"无边框"选项）

6.2 移 动 数 据

适用版本：2016、2013、2010、2007

6.2.1 拖动移动

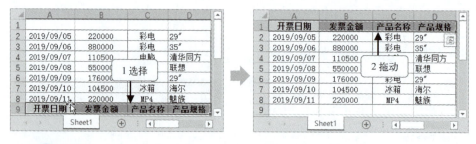

> **注解**
> Explain with notes

- **1 选择**（选择需要拖动的单元格区域）

第 6 章 数据的处理与编辑

▶ **2 拖动**（将鼠标指针移到单元格区域边框上，当其变成 ⇱ 形状时，按住鼠标左键向上拖动，拖至目标位置即可）

★6.2.2 剪切移动

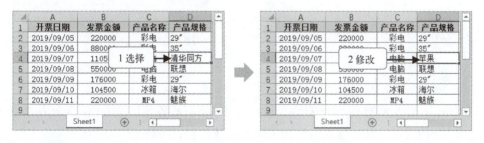

注解 xplain with notes

▶ **1 选择**（选择要移动的数据按〈Ctrl+X〉组合键剪切）
▶ **2 选择**（选择 A1 单元格作为粘贴的起始单元格）
▶ **3 粘贴**（按〈Ctrl+V〉组合键粘贴）

6.3　更　改　数　据

适用版本：2016、2013、2010、2007

6.3.1　修改单元格中整个数据

注解 xplain with notes

▶ **1 选择**（选择需要修改的单元格区域）
▶ **2 修改**（在选中的单元格中输入新的内容）

6.3.2 修改单元格中部分数据

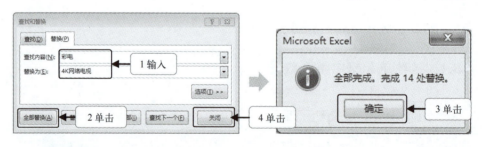

E 注解
xplain with notes

- **1 选择**（选择要修改的部分数据区域）
- **2 选择**（在编辑栏中将需要修改的部分数据选择）
- **3 修改**（输入新数字替换选择的部分数据）

★6.3.3 批量更改数据

E 注解
xplain with notes

- **1 输入**（按〈Ctrl+H〉组合键，打开"查找和替换"对话框，分别在"查找内容"和"替换为"框中输入要替换和查找的内容）
- **2 单击**（单击"全部替换"按钮，弹出"Microsoft Excel"对话框）
- **3 单击**（在打开的提示对话框中单击"确定"按钮）
- **4 单击**（单击"查找和替换"对话框中的"关闭"按钮）

第 6 章 数据的处理与编辑

6.4 删 除 数 据

适用版本：2016、2013、2010、2007

6.4.1 手动删除单个数据

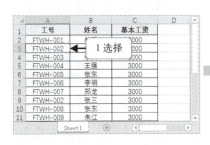

> **注解**
> xplain with notes

▶ **1 选择**（选择需要删除的单元格）

▶ **2 删除**（按〈Delete〉键删除单个单元格）

★6.4.2 快速删除重复项

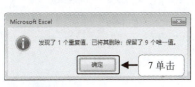

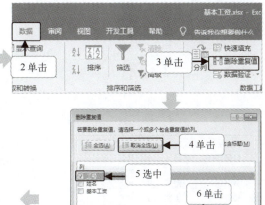

> **注解**
> xplain with notes

▶ **1 选择**（选择要删除重复项的单元格）

▶ **2 单击**（单击"数据"选项卡）

▶ **3 单击**（单击"删除重复值"按钮）
▶ **4 单击**（单击"取消全选"按钮）
▶ **5 选中**（选中需要删除重复值的列复选框）
▶ **6 单击**（单击"确定"按钮确认设置）
▶ **7 单击**（在打开的提示对话框中单击"确定"按钮完成设置）

补充　删除完全重复的数据

若要删除完全重复的数据，也就是所有字段数据完全相同，只需在"删除重复值"对话框中单击"全选"按钮，将所有字段复选框一次性全部选中，然后单击"确定"（默认情况下，所有字段复选框处于选中状态，可直接单击"确定"按钮）。

6.4.3　自动标识重复项

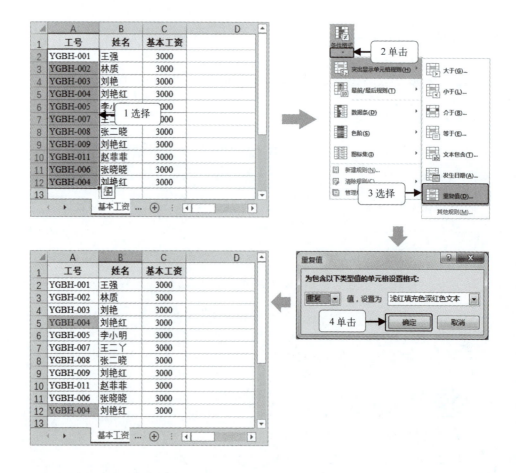

第 6 章 数据的处理与编辑

> **注解** explain with notes

- **1 选择**（选择要标识重复项的区域）
- **2 单击**（单击"条件格式"下拉按钮）
- **3 选择**（选择"突出显示单元格规则"子命令中的"重复值"选项）
- **4 单击**（单击"确定"按钮确认设置）

6.5 会计数字格式转换

适用版本：2016、2013、2010、2007

★6.5.1 常规会计数据类型转换

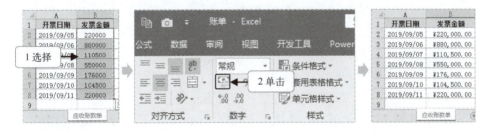

> **注解** explain with notes

- **1 选择**（选择要转换数据类型的区域）
- **2 单击**（单击"开始"选项卡"数字"组中的"会计数字格式"按钮）

6.5.2 国际会计数据类型转换

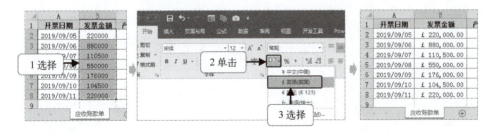

> **注解** explain with notes

- **1 选择**（选择需要转换数据类型的单元格区域）

—73—

- **2 单击**（单击"会计数字格式"下拉按钮）
- **3 选择**（选择"英语（英国）"选项）

6.6 百分比类型数据转换

适用版本：2016、2013、2010、2007

★6.6.1 一键单击转换

> **E** 注解
> xplain with notes

- **1 选择**（选择要进行数据类型转换的单元格区域）
- **2 单击**（单击"开始"选项卡"数字"组中的"百分比样式"按钮）

6.6.2 两步选择转换

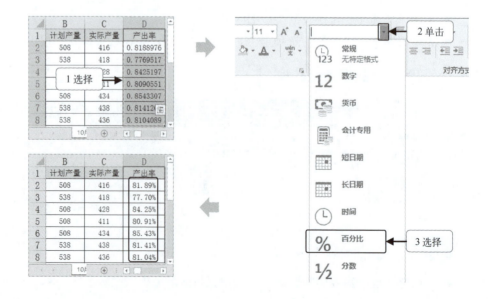

-74-

第 6 章 数据的处理与编辑

> **注解**
> Explain with notes

- **1 选择**（选择要进行数据类型转换的单元格区域）
- **2 单击**（单击"数字格式"下拉按钮）
- **3 选择**（选择"百分比"选项）

6.7 小数位数的添加和减少

适用版本：2016、2013、2010、2007

6.7.1 增加小数位数

> **注解**
> Explain with notes

- **1 选择**（选择要增加小数位数的单元格区域）
- **2 单击**（单击"增加小数位数"按钮）

6.7.2 减少小数位数

> **注解**
> Explain with notes

- **1 选择**（选择要减少小数位数的单元格区域）

▶ **2 单击**（单击"减少小数位数"按钮）

★ 6.7.3 指定小数位数

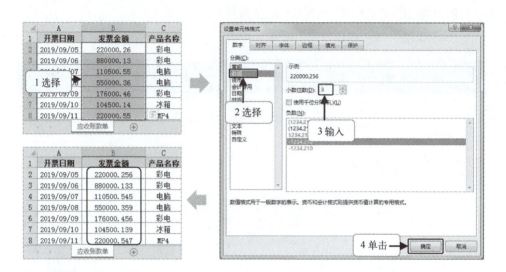

注解
xplain with notes

▶ **1 选择**（选择需要指定小数位数的单元格区域，按〈Ctrl+1〉组合键）

▶ **2 选择**（在"设置单元格格式"对话框"数字"选项卡下选择"数值"选项）

▶ **3 输入**（在"小数位数"右侧的数值框内，输入小数位数）

▶ **4 单击**（单击"确定"按钮）

6.7.4 使用 ROUNDUP 函数减少小数位数

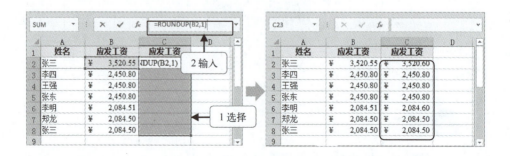

第 6 章　数据的处理与编辑

> **注解**
> xplain with notes

▶ **1 选择**（选择要减少小数位数的单元格区域）

▶ **2 输入**（在 C2 单元格中输入 ROUNDUP 函数，例如"=ROUNDUP(B2,1)"，按〈Ctrl+ Enter〉组合键确认）

6.8　用颜色标记数据

适用版本：2016、2013、2010、2007

6.8.1　用红色标记超标数据

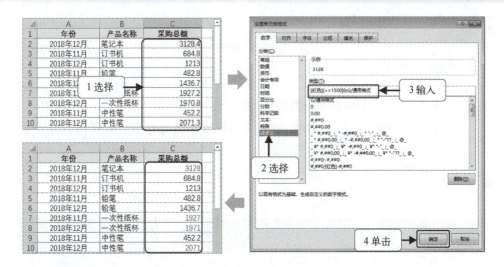

> **注解**
> xplain with notes

▶ **1 选择**（选择标识超标数据的单元格区域）

▶ **2 选择**（按〈Ctrl+1〉组合键打开"设置单元格格式"对话框，在"数字"选项卡下选择"自定义"选项）

▶ **3 输入**（在"类型"文本框中输入标识超标数据的格式，如"[红色][>=1500]0；G/通用格式"）

▶ **4 单击**（单击"确定"按钮）

6.8.2 用红色标记负数

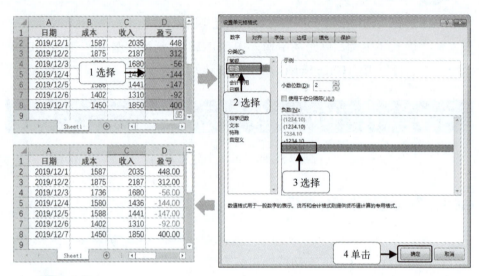

> **注解**
> Explain with notes

- **1 选择**（选择要标记负数的单元格区域）
- **2 选择**（按〈Ctrl+1〉组合键打开"设置单元格格式"对话框，在"数字"选项卡下选择"数值"选项）
- **3 选择**（在"负数"列表框中选择数值格式）
- **4 单击**（单击"确定"按钮）

6.9　同一单元格中显示多行数据

适用版本：2016、2013、2010、2007

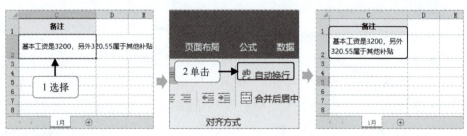

> **注解**
> Explain with notes

- **1 选择**（选择显示多行数据的单元格区域）

第 6 章 数据的处理与编辑

▶ **2 单击**（单击"开始"选项卡"对齐方式"组中的"自动换行"按钮）

6.10 将多列数据合并为一列

适用版本：2016、2013、2010、2007

6.10.1 快速填充合并

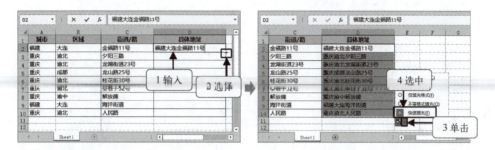

E 注解
xplain with notes

▶ **1 输入**（在 D2 单元格中输入 A2、B2 和 C2 单元格数据）

▶ **2 选择**（选择 D2 单元格并将鼠标光标移到其右下角，双击鼠标左键）

▶ **3 单击**（单击"自动填充选项"下拉按钮）

▶ **4 选中**（选中"快速填充"单选按钮，将多列数据合并成一列）

6.10.2 使用连接符"&"合并

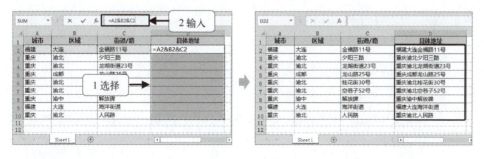

E 注解
xplain with notes

▶ **1 选择**（选择目标单元格区域，这里选择 D2:D11 单元格区域）

▶ **2 输入**（在编辑栏中输入带有连接符的公式，如"=A2&B2&C2"，按〈Ctrl+Enter〉组合键确认）

6.11 将一列数据拆分为多列数据

适用版本：2016、2013、2010、2007

6.11.1 使用 LEFT 函数拆分

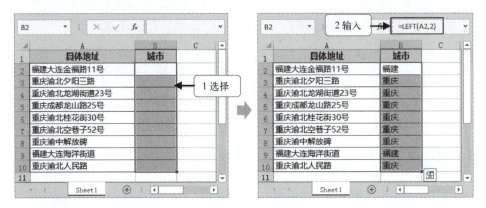

E 注解
xplain with notes

▶ **1 选择**（选择要拆分的单元格区域）

▶ **2 输入**（在编辑栏中输入函数"LEFT(A2,2)"，按〈Ctrl+Enter〉组合键确认并返回计算结果）

★6.11.2 使用分列功能拆分

E 注解
xplain with notes

▶ **1 选择**（选择要拆分的数据列）

▶ **2 单击**（单击"数据"选项卡中的"分列"按钮，打开"文本分列向导"对话框）

▶ **3 单击**（单击"下一步"按钮）

▶ **4 选中**（选中"其他"复选框）

▶ **5 输入**（在"其他"分隔符号右侧文本框中输入中文状态下的逗号"，"）

▶ **6 单击**（单击"完成"按钮）

第 6 章 数据的处理与编辑

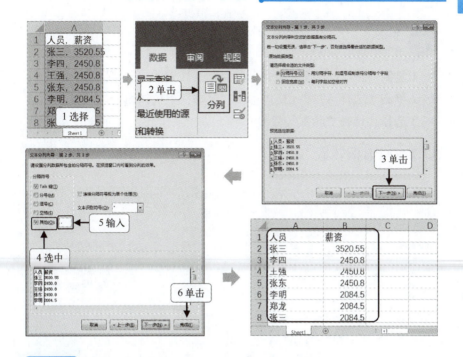

答疑　在分隔符设置中，为什么要手动输入逗号

在上面的操作中为什么要手动输入逗号，而不是直接选中"逗号"复选框，这是因为表格中的逗号是中文状态下的逗号，Excel 无法自动识别，并将其作为分列符。所以，在"其他"分隔符号右侧手动输入中文状态下的逗号。

6.12 行列转置

适用版本：2016、2013、2010、2007

★6.12.1 粘贴转置

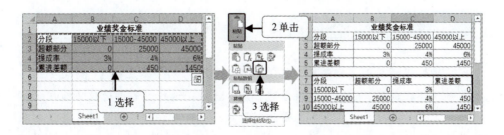

E 注解
Explain with notes

- **1 复制**（按〈Ctrl+C〉组合键复制需要转置的单元格区域）
- **2 单击**（选择 A7 单元格，单击"粘贴"下拉按钮）
- **3 选择**（选择"转置"选项）

★6.12.2 对话框转置

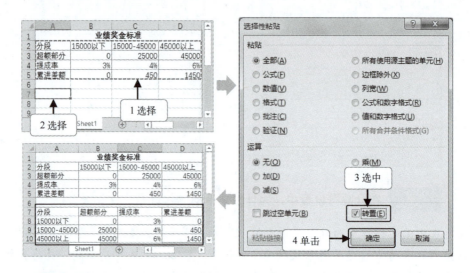

E 注解
Explain with notes

- **1 选择**（选择转置的单元格区域，按〈Ctrl+C〉组合键复制）
- **2 选择**（选择 A7 单元格，按〈Ctrl+Alt+V〉组合键，弹出"选择性粘贴"对话框）
- **3 选中**（在"选择性粘贴"对话框中，选中"转置"复选框）
- **4 单击**（单击"确定"按钮确认设置）

> **痛点** 选择性粘贴选项不能用、对话框打不开

一种错误的原因是在选择完转置的单元格区域后，本应按〈Ctrl+C〉组合键复制，错按成了〈Ctrl+X〉组合键剪切，造成了选择性粘贴选项不能用、对话框打不开。因此要注意复制与剪切的区别。另外一种错误的情况是在复制原单元格区域后，直接进行转置粘贴操作，而没有选择新的单元格区域，造成了

第 6 章　数据的处理与编辑

选择性粘贴选项不能用、对话框打不开的情况，如下图所示。

微课：选择性粘贴选项不能用，对话框打不开

6.12.3　使用 TRANSPOSE 函数转置

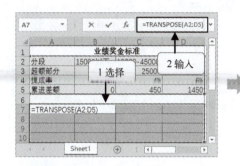

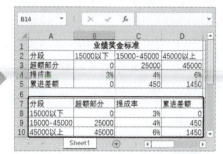

注解
Explain with notes

▶ **1 选择**（选择与原始单元格数量相同的空白单元格）

▶ **2 输入**（在编辑栏中输入 TRANSPOSE 函数公式，如 "=TRANSPOSE(A2:D5)"，按〈Ctrl+Shift+Enter〉组合键确定）

6.13　筛选日期数据

适用版本：2016、2013、2010、2007

6.13.1　进入筛选模式

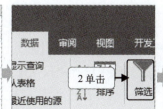

E 注解
xplain with notes

- **1 选择**（选择 A1:B1 单元格区域）
- **2 单击**（单击"数据"选项卡中的"筛选"按钮，进入自动筛选模式）

6.13.2 筛选本月的数据

E 注解
xplain with notes

- **1 单击**（单击 A1 单元格右侧的下拉按钮）
- **2 选择**（在下拉列表中选择"日期筛选"→"本月"选项）

6.13.3 筛选本周的数据

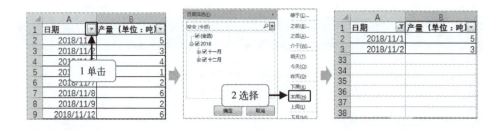

E 注解
xplain with notes

- **1 单击**（单击 A1 单元格右侧的下拉按钮）
- **2 选择**（在弹出的下拉列表中选择"日期筛选"→"本周"选项）

第 6 章　数据的处理与编辑

6.13.4　筛选指定日期范围的数据

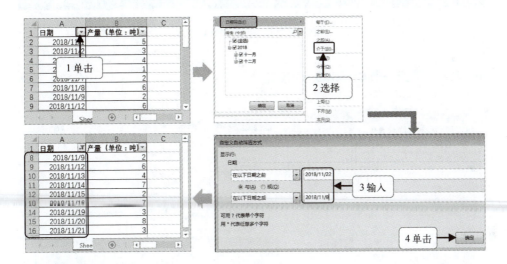

> **E** 注解
> xplain with notes

- **1 单击**（单击 A1 单元格右侧的下拉按钮）
- **2 选择**（在日期筛选下拉列表下选择"日期筛选"→"之前"选项，打开"自定义自动筛选方式"对话框）
- **3 输入**（在日期文本框中分别输入开始和结束日期）
- **4 单击**（单击"确定"按钮）

6.13.5　筛选今天的数据

> **E** 注解
> xplain with notes

- **1 单击**（单击 A1 单元格右侧的下拉按钮）
- **2 选择**（在弹出的下拉列表中选择"日期筛选"→"今天"选项）

6.14 筛选数字

适用版本：2016、2013、2010、2007

6.14.1 筛选 3000~5000 的数据

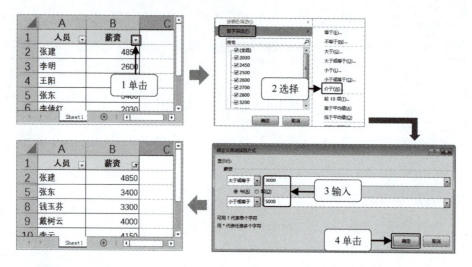

注解 Explain with notes

▶ **1 单击**（单击 B1 单元格右侧的下拉按钮）

▶ **2 选择**（在弹出的下拉列表中选择"数字筛选"→"介于"选项，打开"自定义自动筛选方式"对话框）

▶ **3 输入**（在文本框中输入上限及下限金额）

▶ **4 单击**（单击"确定"按钮）

6.14.2 筛选排名前 5 的数据

注解 Explain with notes

▶ **1 单击**（单击 B1 单元格右侧的下拉按钮）

▶ **2 选择**（在下拉列表下选择"数字筛选"→"前 10 项"选项，打开"自动筛选前 10 个"对话框）

▶ **3 输入**（在数字框中输入"5"）

第 6 章 数据的处理与编辑

▶ **4 单击**（单击"确定"按钮）

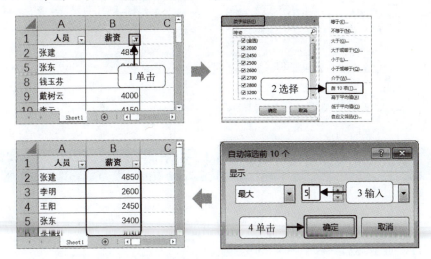

6.14.3 筛选高于/低于平均值的数据

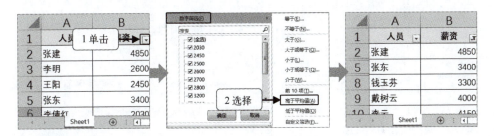

E 注解
xplain with notes

▶ **1 单击**（单击 B1 单元格右侧的下拉按钮）
▶ **2 选择**（在下拉列表下选择"数字筛选"→"高于平均值"/"低于平均值"选项）

痛点 如何将筛选出的数据"搬"到其他表格区域中

将筛选出的数据复制粘贴到其他表格区域，可能会出现粘贴数据不完整的情况。这时，需要采用一个小技巧：选择筛选区域的行，然后复制粘贴将其"搬"到其他表格区域中。

6.15 筛选文本

适用版本：2016、2013、2010、2007

6.15.1 筛选包含某个名称的数据

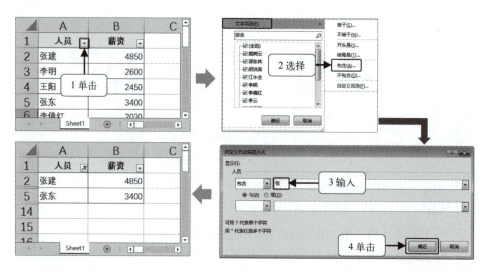

> **注解**
> Explain with notes

▶ **1 单击**（单击 A1 单元格右侧的下拉按钮）

▶ **2 选择**（选择"文本筛选"→"包含"选项）

▶ **3 输入**（在弹出的"自定义自动筛选方式"对话框中的"包含"后输入名称）

▶ **4 单击**（单击"确定"按钮）

第 6 章 数据的处理与编辑

6.15.2 筛选指定产品的数据

注解 Explain with notes

- ▶ **1 单击**（单击 A1 单元格右侧的下拉按钮）
- ▶ **2 取消选中**（取消选中"全选"复选框）
- ▶ **3 选中**（选中指定产品复选框，如"海尔"）
- ▶ **4 单击**（单击"确定"按钮）

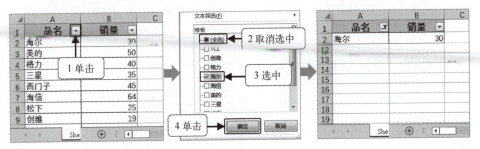

6.15.3 筛选多个产品的数据

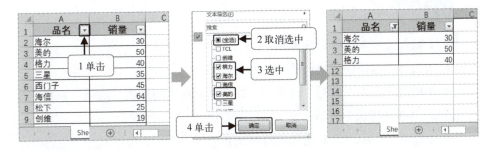

注解 Explain with notes

- ▶ **1 单击**（单击 A1 单元格右侧的下拉按钮）
- ▶ **2 取消选中**（取消选中"全选"复选框）
- ▶ **3 选择**（选中指定产品复选框，如"格力""海尔""美的"等）
- ▶ **4 单击**（单击"确定"按钮）

6.16 筛选3个或3个以上指定条件的数据

适用版本：2016、2013、2010、2007

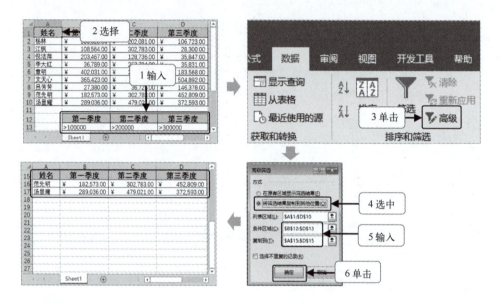

E 注解
xplain with notes

▶ **1 输入**（输入高级筛选条件）

▶ **2 选择**（选择任一数据单元格）

▶ **3 单击**（单击"数据"选项卡"排序和筛选"组中的"高级"按钮，打开"高级筛选"对话框）

▶ **4 选中**（选中"将筛选结果复制到其他位置"单选按钮）

▶ **5 输入**（在"条件区域"文本框和"复制到"文本框中分别输入条件单元格区域和筛选结果放置的起始单元格地址）

▶ **6 单击**（单击"确定"按钮）

答疑 如何设置"或"与"与"条件

高级筛选中的"或"条件与"与"条件："或"表示多者满足其一；"与"表示多者全部满足。那么，在表格中输入多个筛选条件时，怎么来区分"或"

第6章 数据的处理与编辑

与"与"呢？很简单，看下图就能轻松分辨。

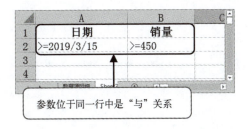
参数位于同一行中是"与"关系

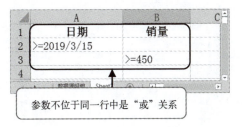
参数不位于同一行中是"或"关系

痛点　多级标题中指定自动筛选按钮的放置位置

在多级标题中添加自动筛选按钮，容易出现错位，自动筛选按钮会错误地添加到表头或是上层级标题单元格中，如下图所示。

一旦有如上图的两种情况出现时，首先取消自动筛选，然后选择最低一层标题行，接着单击"筛选"按钮，再次进入自动筛选模式，这样自动筛选按钮就能准确定位在最低一层标题的单元格中，确保筛选的正常进行。

微课：多级标题中指定自动筛选按钮的放置位置

自动筛选按钮在第一层标题单元格中 → 无法正常筛选

自动筛选按钮出现在表头单元格中 → 无法正常筛选

高手竞技场　编辑处理零售数据

素材文件	云盘\高手竞技场\素材\第6章\零售数据明细.xlsx
结果文件	云盘\高手竞技场\结果\第6章\零售数据明细.xlsx

-91-

Excel 达人手册：表格设计的重点、难点与疑点精讲

▽ 数据编辑处理前的样式

	A	B	C	D	E	F	G	H	I
1									
2	固定胶	7818	7549.07	436.93					
3	笔筒	18973	18144.82	996.18					
4	固定胶	7803	7544.07	426.93		办公用品	采购价	销售额	利润额
5	涂改液	29224	26546.24	2845.76					
6	涂改液	29239	26551.24	2855.76					
7	钢笔	39342	38315.4	1194.6					
8	钢笔	39357	38320.4	1204.6					
9	签字笔	39689	39604.04	183.96					
10	签字笔	39704	39609.04	193.96					
11	资料册/档案册	44217	42632.84	1752.16					
12	笔筒	18988	18149.82	1006.18					
13	资料册/档案册	44232	42637.84	1762.16					
14	打孔文件袋	60753	57686.97	3234.03					
15	签字笔壳	69952	66334.47	3785.53					
16	打孔文件袋	60738	57681.97	3224.03					

▽ 数据编辑处理后的样式

	A	B	C	D	E	F	G	H	I
1	办公用品	采购价	销售额	利润额					
3	笔筒	¥18,973.00	¥18,144.82	¥996.18					
7	钢笔	¥39,342.00	¥38,315.40	¥1,194.60					
8	钢笔	¥39,357.00	¥38,320.40	¥1,204.60					
9	签字笔	¥39,689.00	¥39,604.04	¥183.96					
10	签字笔	¥39,704.00	¥39,609.04	¥193.96					
12	笔筒	¥18,988.00	¥18,149.82	¥1,006.18					
15	签字笔壳	¥69,952.00	¥66,334.47	¥3,785.53					
17	签字笔壳	¥69,967.00	¥66,339.47	¥3,795.53					
18									
19									
20									
21	办公用品	采购价	销售额	利润额					
22	打孔文件袋	¥60,753.00	¥57,686.97	¥3,234.03					
23	签字笔壳	¥69,952.00	¥66,334.47	¥3,785.53					
24	签字笔壳	¥69,967.00	¥66,339.47	¥3,795.53					
25									

【关键操作点】——编辑处理零售数据

第1步：将标题行移动到 A1:D1 单元格区域中。

第2步：将"采购价""销售额"和"利润额"列数据类型转换为"货币"。

第3步：筛选"利润额"前3项，并将筛选结果粘贴到 A22:D22 单元格区域。

第4步：将"办公用品"中包含"笔"的数据筛选出来。

第 7 章

数据的格式设置

本章导读

商务表格的第一印象往往来自于外观样式，一张"高颜值"的表格更容易获得领导或客户的认可称赞。作为新手，怎样才能做一张"高颜值"的商务表格呢？决定因素有许多，本章就来讲解其中的一个重要因素——数据的格式设置。

知识要点

- 设置字体
- 设置字号
- 填充或设置颜色
- 添加边框线条
- 添加下画线
- 调整对齐方式
- 套用表格样式

Excel 达人手册：表格设计的重点、难点与疑点精讲

7.1 设置字体

适用版本：2016、2013、2010、2007

★7.1.1 通过菜单栏设置字体

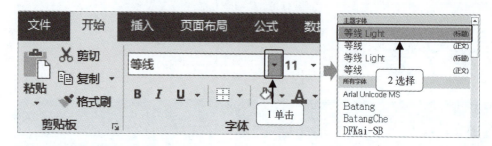

注解 Explain with notes

▶ **1 单击**（单击"字体"下拉按钮）

▶ **2 选择**（在下拉列表中选择字体，如"等线 Light"）

★7.1.2 通过右击菜单设置字体

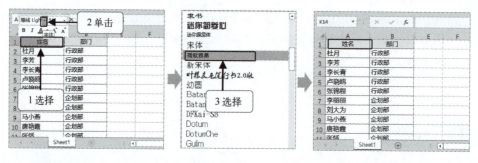

注解 Explain with notes

▶ **1 选择**（选择数据并在其上单击鼠标右键）

▶ **2 单击**（在弹出的浮动工具栏中单击"字体"下拉按钮）

▶ **3 选择**（在下拉列表中选择字体，如"微软雅黑"）

第 7 章 数据的格式设置

7.1.3 在"字体"文本框中输入字体

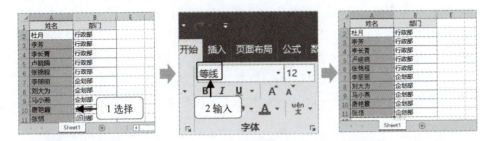

注解
E xplain with notes

▶ **1 选择**（选择需更改字体的单元格区域）
▶ **2 输入**（在"字体"文本框中输入字体，如"等线"）

7.1.4 通过对话框设置字体

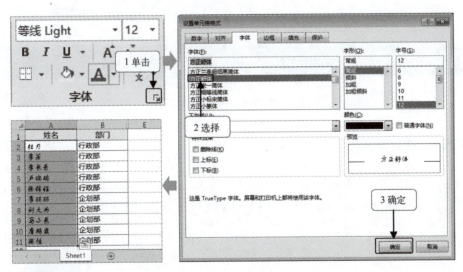

注解
E xplain with notes

▶ **1 单击**（选择要设置字体的单元格区域，单击"开始"选项卡"字体"组中的"对话框启动器"按钮）
▶ **2 选择**（在打开的对话框的"字体"下拉选项中选择字体，如"方正舒体"）
▶ **3 单击**（单击"确定"按钮）

-95-

Excel 达人手册：表格设计的重点、难点与疑点精讲

痛点 中、英文字符字体如何一次性设置

默认设置字体的方法，一次只能设置一种字体，无法一次性兼顾中英文数据对不同字体的要求。不过采用一个小技巧就能轻松突破这种限制，可在"页面布局"选项卡"主题"组中单击"字体"下拉按钮，在弹出的下拉列表选项中选择组合字体，就能一次性设置中英文字符字体。

微课：中、英文字符字体如何一次性设置

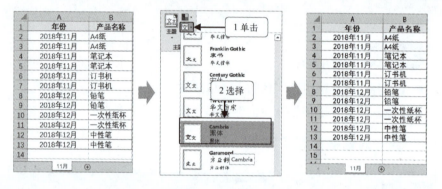

7.2 设置字号

适用版本：2016、2013、2010、2007

7.2.1 选择字号

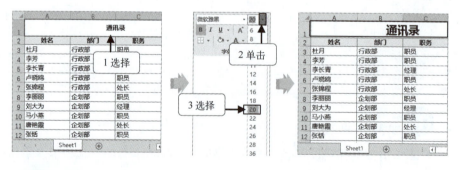

> **E** 注解
> **xplain with notes**

▶ **1 选择**（选择需要更改字号大小的单元格）

▶ **2 单击**（在"开始"选项卡"字体"组中单击"字号"下拉按钮）

-96-

第 7 章 数据的格式设置

▶ **3 选择**（在下拉列表中选择字号）

★7.2.2 输入字号

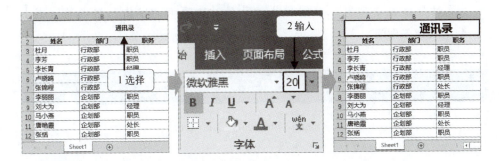

注解 Explain with notes

▶ **1 选择**（选择要更改字号大小的单元格）
▶ **2 输入**（在"开始"选项卡"字体"组中"字号"文本框中输入字号大小）

答疑 选择字号与输入字号的最大区别

在字号下拉选项中选择字号（最大只能选择 72 号字体），而输入字号可以输入任意字号，包括小数字号，如 6.5 号字体。

7.2.3 增大、减小字号

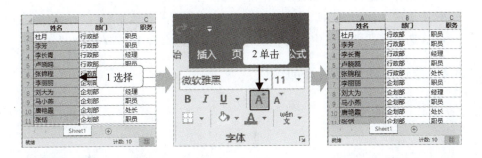

注解 Explain with notes

▶ **1 选择**（选择要更改字号大小的单元格）

➤ **2 单击**（单击"开始"选项卡"字体"组"增大字号"按钮）

补充 减小字号

要对数据减小字号，只需单击"开始"选项卡"字体"组中的"减小字号"按钮 即可。

7.3 填充单元格底纹颜色

适用版本：2016、2013、2010、2007

7.3.1 通过"字体"组添加色块

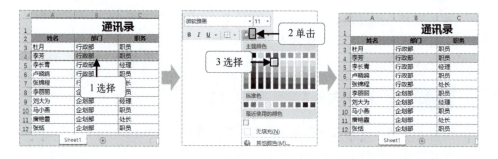

注解 Explain with notes

➤ **1 选择**（选择要添加底纹颜色的单元格区域）
➤ **2 单击**（在"开始"选项卡"字体"组中单击"填充颜色"下拉按钮）
➤ **3 选择**（在调色板中选择色块，如"蓝色，个性1，淡色80%"色块）

7.3.2 通过浮动工具栏添加色块

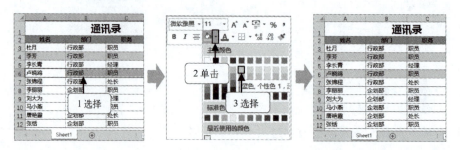

第 7 章　数据的格式设置

> **E** 注解
> xplain with notes

- **1 选择**（选择要添加底纹颜色的单元格区域，并在其上单击鼠标右键）
- **2 单击**（在弹出的浮动工具栏中单击"填充颜色"下拉按钮）
- **3 选择**（选择色块，如"蓝色，个性 1，淡色 80%"色块）

7.4　设置数据颜色

适用版本：2016、2013、2010、2007

7.4.1　通过"字体"设置色块

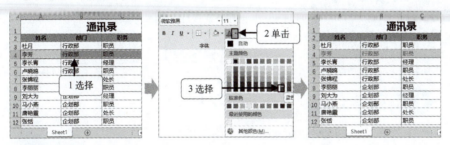

> **E** 注解
> xplain with notes

- **1 选择**（选择需设置数据颜色的单元格区域）
- **2 单击**（在"开始"选项卡"字体"组中单击"字体颜色"下拉按钮）
- **3 选择**（选择色块，如"蓝色，个性 5，深色 25%"色块）

7.4.2　通过浮动工具栏设置色块

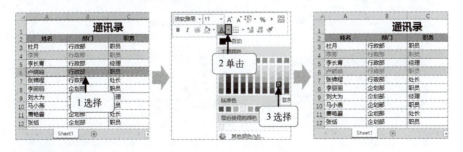

> **E** 注解
> xplain with notes

- **1 选择**（选择需要设置数据颜色的单元格区域并在其上单击鼠标右键）

-99-

- **2 单击**（在弹出的浮动工具栏中单击"字体颜色"下拉按钮）
- **3 选择**（选择色块，如"蓝色，个性5，深色25%"色块）

7.5　添加边框线条

适用版本：2016、2013、2010、2007

★7.5.1　添加简单边框线条

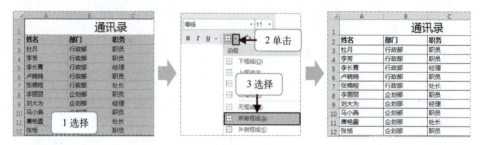

注解
Explain with notes

- **1 选择**（选择要添加边框的单元格区域）
- **2 单击**（单击"开始"选项卡"字体"组中的"下框线"下拉按钮）
- **3 选择**（选择"所有框线"选项）

★7.5.2　添加复杂边框线条

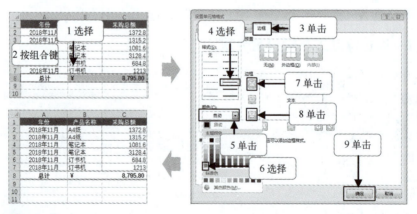

注解
Explain with notes

- **1 选择**（选择要添加边框的单元格区域）

第 7 章 数据的格式设置

- ▶ **2 按组合键**（按〈Ctrl+1〉组合键，打开"设置单元格格式"对话框）
- ▶ **3 单击**（单击"边框"选项卡）
- ▶ **4 选择**（在"样式"列表框中选择需要的边框样式）
- ▶ **5 单击**（单击"颜色"下拉按钮）
- ▶ **6 选择**（选择色块）
- ▶ **7 单击**（单击"上边框"按钮）
- ▶ **8 单击**（单击"下边框"按钮）
- ▶ **9 单击**（单击"确定"按钮）

7.6 添加下画线

适用版本：2016、2013、2010、2007

7.6.1 添加单下画线

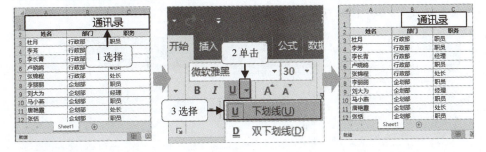

注解
Explain with notes

- ▶ **1 选择**（选择要添加下画线的数据单元格）
- ▶ **2 单击**（单击"下画线"按钮右侧的下拉按钮）
- ▶ **3 选择**（选择"下画线"选项）

7.6.2 添加双下画线

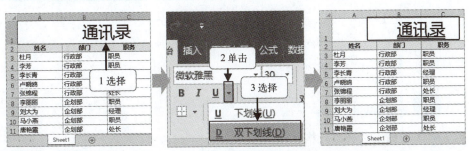

-101-

注解 Explain with notes

▶ **1 选择**（选择要添加下画线的单元格区域）
▶ **2 单击**（单击"下画线"按钮右侧的下拉按钮）
▶ **3 选择**（选择"双下画线"选项）

补充 删除/取消下画线

若需删除或取消下画线，只需选择带下画线的数据单元格，再次单击下画线按钮。

答疑 下画线可以单独设置颜色吗

Excel 中下画线的颜色与数据颜色保持一致，暂无法单独为下画线设置线条颜色。若要添加与数据不同颜色的下画线，只能在"插入"选项卡"插图"组"形状"下拉按钮中选择"直线"，插入在字体下方，然后设置线条颜色（直接应用样式），如下图所示。

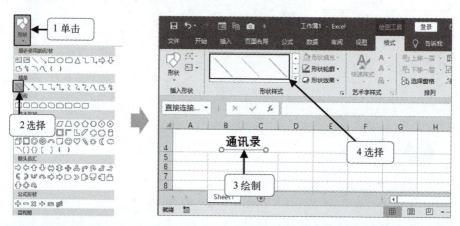

7.7 设置对齐方式

适用版本：2016、2013、2010、2007

★ 7.7.1 数据水平居中对齐

注解 Explain with notes

▶ **1 选择**（选择单元格区域）

第 7 章 数据的格式设置

▶ **2 单击**（单击"开始"选项卡"对齐方式"组中的相关对齐按钮，如"居中"按钮）

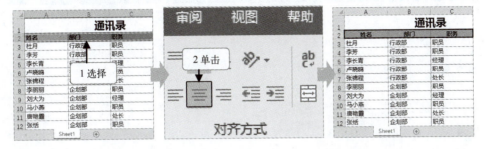

7.7.2 调节数据与单元格边线的距离

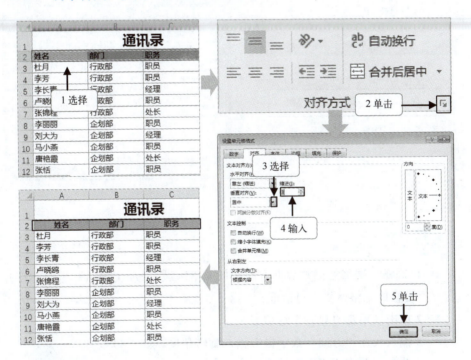

E 注解
xplain with notes

▶ **1 选择**（选择数据单元格区域）

▶ **2 单击**（单击"对齐方式"组中的"对话框启动器"按钮）

▶ **3 选择**（选择"文本对齐方式"选项为"靠左（缩进）"）

▶ **4 输入**（在"缩进"数字框中输入缩进字符数，如"3"个字符）

▶ **5 单击**（单击"确定"按钮）

7.8 设置数据的显示方向

适用版本：2016、2013、2010、2007

★7.8.1 自定义旋转角度

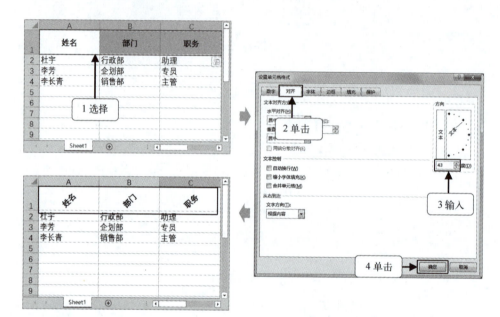

注解
Explain with notes

▶ **1 选择**（选择要调整数据方向的单元格区域，按〈Ctrl+1〉组合键打开"设置单元格格式"对话框）

▶ **2 单击**（单击"对齐"选项卡）

▶ **3 输入**（在"方向"数字框中输入旋转角度，如"43"）

▶ **4 单击**（单击"确定"按钮）

7.8.2 顺时针旋转数据

注解
Explain with notes

▶ **1 选择**（选择数据单元格）

▶ **2 单击**（单击"对齐方式"组中的"方向"下拉按钮）

第 7 章 数据的格式设置

▶ **3 选择**（在下拉选项中选择"顺时针角度"选项）

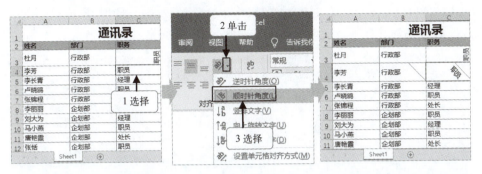

7.9 合并单元格

适用版本：2016、2013、2010、2007

7.9.1 合并居中

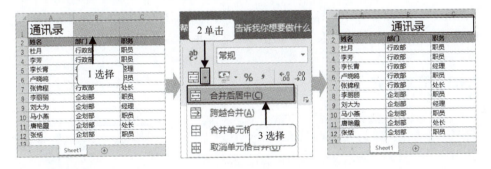

注解 Explain with notes

▶ **1 选择**（选择要合并居中的单元格区域）

▶ **2 单击**（单击"开始"选项卡"对齐方式"组中的"合并后居中"下拉按钮）

▶ **3 选择**（在下拉选项中选择"合并后居中"选项）

7.9.2 跨区域合并

注解 Explain with notes

▶ **1 选择**（选择要跨区域合并的单元格区域）

Excel 达人手册：表格设计的重点、难点与疑点精讲

▶ **2 单击**（单击"开始"选项卡"对齐方式"组中"合并后居中"下拉按钮）

▶ **3 选择**（在下拉选项中选择"跨越合并"选项）

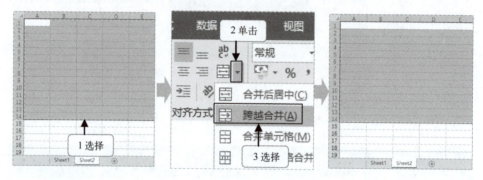

补充 "跨越合并"与"合并后居中"的区别

"跨越合并"与"合并后居中"在对单行进行合并时，除了"跨越合并"不会让数据居中对齐外，两者并没有明显区别。但是，当目标单元格有多行时，"合并后居中"会将所有目标单元格合并为一个单元格并且居中对齐内容；而"跨越合并"会将目标单元格按行单独合并且不居中对齐内容。

7.9.3 简单合并

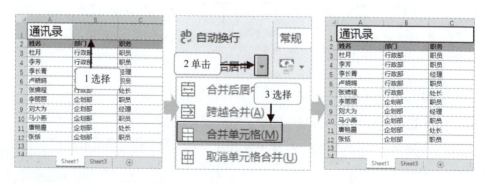

E 注解
xplain with notes

▶ **1 选择**（选择需合并的单元格区域）

▶ **2 单击**（单击"开始"选项卡"对齐方式"组"合并后居中"下拉按钮）

▶ **3 选择**（在下拉选项中选择"合并单元格"选项）

第 7 章　数据的格式设置

补充　取消合并

要将合并单元格恢复，只需单击"开始"选项卡"对齐方式"组中"合并后居中"下拉按钮，在下拉选项中选择"取消单元格合并"选项。

7.10　自动设置表格样式

适用版本：2016、2013、2010、2007

★7.10.1　套用内置表格样式

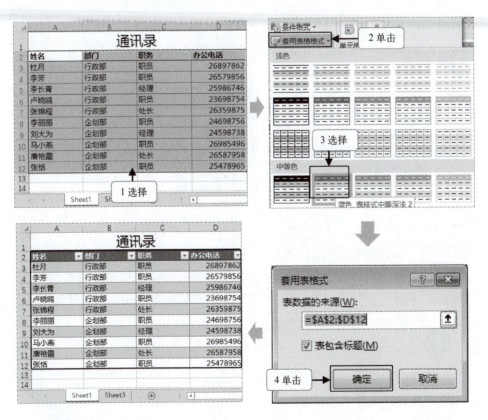

E 注解
xplain with notes

▶ **1 选择**（选择数据单元格）

▶ **2 单击**（单击"开始"选项卡"样式"组中的"套用表格格式"下拉按钮）

-107-

Excel 达人手册：表格设计的重点、难点与疑点精讲

▶ **3 选择**（在下拉选项中选择表格样式选项，如"蓝色，表格样式中等深浅2"选项）

▶ **4 单击**（单击"确定"按钮）

7.10.2 套用自定义表格样式

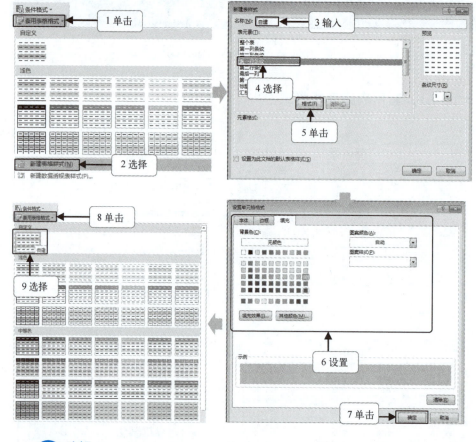

E 注解
xplain with notes

▶ **1 单击**（单击"套用表格格式"下拉按钮）

▶ **2 选择**（选择"新建表格样式"选项，打开"新建表样式"对话框）

▶ **3 输入**（在"名称"文本框中输入名称，如"自建"）

▶ **4 选择**（在"表元素"下拉列表中选择表元素，如"第一行条纹"）

▶ **5 单击**（单击"格式"按钮，打开"设置单元格格式"对话框）

▶ **6 设置**（根据实际情况设置样式，如填充、字体、边框等）

第 7 章 数据的格式设置

- **7** 单击（单击"确定"按钮）
- **8** 单击（单击"套用表格格式"下拉按钮）
- **9** 选择（选择"自建"选项）

★7.10.3 选用主题样式

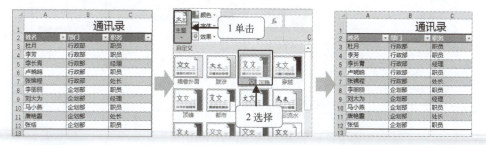

注解 xplain with notes

- **1** 单击（单击"页面布局"选项卡"主题"组中的"主题"下拉按钮）
- **2** 选择（在下拉列表中选择主题样式选项，如"沉稳"）

7.11 清 除 格 式

适用版本：2016、2013、2010、2007

7.11.1 清除单个单元格格式

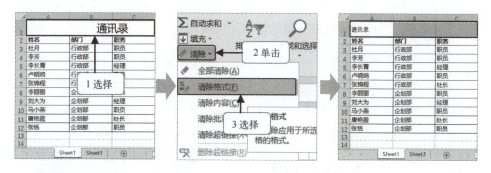

注解 xplain with notes

- **1** 选择（选择要清除格式的单元格区域）
- **2** 单击（单击"开始"选项卡"编辑"组"清除"下拉按钮）

▶ **3 选择**（在下拉选项中选择"清除格式"选项）

7.11.2 批量清除 N 个单元格中相同格式

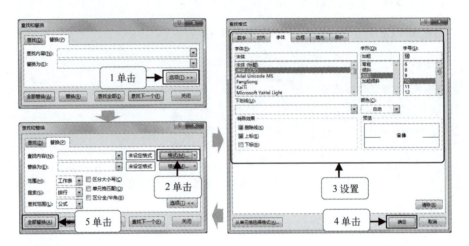

注解
E xplain with notes

▶ **1 单击**（按〈Ctrl+H〉组合键打开"查找和替换"对话框，单击"选项"按钮，展开对话框）

▶ **2 单击**（单击"格式"按钮，打开"查找格式"对话框）

▶ **3 设置**（设置要清除的单元格格式，如字体、边框、填充或对齐等）

▶ **4 单击**（单击"确定"按钮，返回到"查找和替换"对话框中）

▶ **5 单击**（单击"全部替换"按钮）

答疑 怎样轻松提取要清除的单元格格式

多个单元格格式虽然可以一次性清除，但在设置查找格式时非常不方便，复杂的格式操作更是烦琐。对于这种情况，我们可以让 Excel 自动提取单元格样式，然后再全部替换，如下图所示。

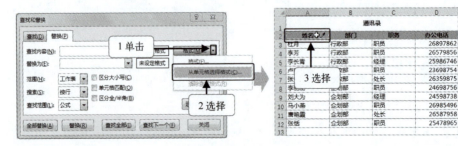

第 7 章 数据的格式设置

7.11.3 清除套用的表格格式

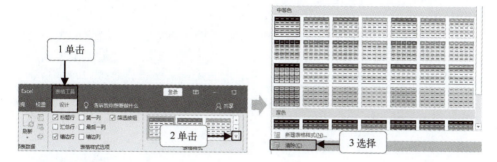

注解 Explain with notes

- ▶ **1 单击**（在套用了表格样式的表格中选择任一单元格，单击"表格工具"的"设计"选项卡）
- ▶ **2 单击**（单击"表格样式"组中的 按钮）
- ▶ **3 选择**（选择"清除"选项）

高手竞技场 设置客户订单签记表格式

素材文件	云盘\高手竞技场\素材\第7章\客户订单登记表.xlsx
结果文件	云盘\高手竞技场\结果\第7章\客户订单登记表.xlsx

▽ 设置格式前

	A	B	C	D	E	F	G
1	客户订单登记表						
2	下单日期	订单号	产品名称	数量	单价	总金额	备注
3	2019.9.01	S11236	彩电	5	2000	10000	已出货
4	2019.9.01	S11235	DVD	4	1500	6000	未包装
5	2019.9.05	S11234	功放	20	1000	20000	未包装
6	2019.9.06	S11237	音响	5	1500	7500	未包装
7	2019.9.07	S11238	游戏机	10	500	5000	未包装
8	2019.9.09	S11245	电脑	5	4000	20000	已完货
9	2019.9.18	S111246	鼠标	31	50	1550	已完货
10	2019.9.20	S115754	键盘	15	50	750	已完货
11	2019.9.21	S11202	鼠标垫	10	10	100	印刷

Excel 达人手册：表格设计的重点、难点与疑点精讲

▽ 设置格式后

下单日期	订单号	产品名称	数量	单价	总金额	备注
2019.9.01	S11236	彩电	5	2000	10000	已出货
2019.9.01	S11235	DVD	4	1500	6000	未包装
2019.9.05	S11234	功放	20	1000	20000	未包装
2019.9.06	S11237	音响	5	1500	7500	未包装
2019.9.07	S11238	游戏机	10	500	5000	未包装
2019.9.09	S11245	电脑	5	4000	20000	已完货
2019.9.18	S111246	鼠标	31	50	1550	已完货
2019.9.20	S115754	键盘	15	50	750	已完货
2019.9.21	S11202	鼠标垫	10	10	100	印刷

表名：客户订单登记表

【关键操作点】——数据格式设置

第1步：分别设置表头和表名的字体、字号。

第2步：将A1:J1单元格合并居中对齐。

第3步：套用表格样式。

第 8 章

使用公式计算数据

本章导读

数据计算是 Excel 看家本领之一,也被称为表格的"第一生产力",因为它能让多个数据或几组数据快速返回计算结果,并显示在指定的单元格中。本章向读者讲解一些通用高效的公式,帮助读者快速解决工作中的计算问题。

知识要点

- 使用公式
- 定义单元格名称
- 审核公式
- 编辑公式
- 调用单元格名称

8.1 使用公式

适用版本：2016、2013、2010、2007

★ 8.1.1 在编辑栏中直接输入公式

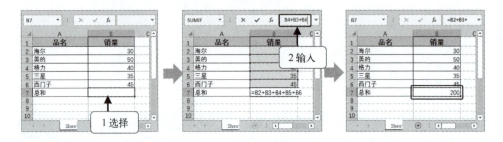

注解 Explain with notes

- **1 选择**（选择 B7 单元格）
- **2 输入**（在编辑栏中输入公式"=B2+B3+B4+B5+B6"，按〈Enter〉键确认）

■ 8.1.2 输入单一数组公式

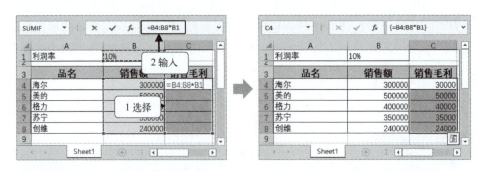

注解 Explain with notes

- **1 选择**（选择要输入单一数组公式的单元格区域 C4:C8 单元格区域）
- **2 输入**（在编辑栏中输入公式"=B4:B8*B1"，按〈Ctrl+Shift+Enter〉组合键将公式转换为数组公式）

微课：输入单一数组公式

第 8 章 使用公式计算数据

8.1.3 输入同列方向的一维数组公式

注解
Explain with notes

▶ **1 选择**（选择要输入数组公式的单元格区域）
▶ **2 输入**（在编辑栏中输入数组公式"=B2:B6*C2:C6"，按〈Ctrl+Shift+Enter〉组合键确认）

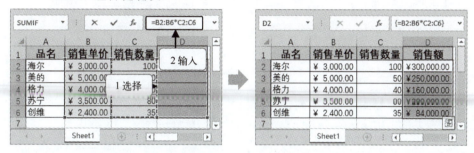

8.1.4 输入不同方向的一维数组公式

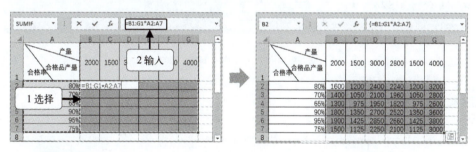

注解
Explain with notes

▶ **1 选择**（选择要输入数组公式的单元格区域）
▶ **2 输入**（在编辑栏中输入数组公式"=B1:G1*A2:A7"，按〈Ctrl+Shift+Enter〉组合键确认）

> **痛点** 在数据上直接进行运算

使用公式对数据进行计算时，通常需要在新的单元格或单元格区域进行。如果要在原数据上直接进行加、减、乘、除，则需借助于"选择性粘贴"功能，操作步骤如下图所示。

微课：在数据上直接进行运算

-115-

Excel 达人手册：表格设计的重点、难点与疑点精讲

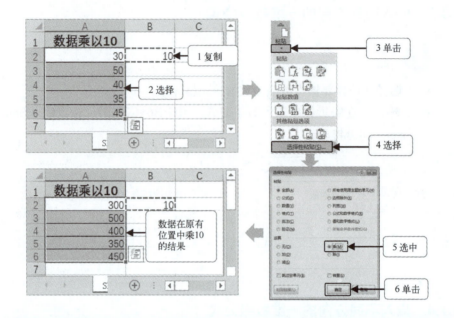

8.2 编辑公式

适用版本：2016、2013、2010、2007

★ 8.2.1 修改公式

> **注解**
> xplain with notes

▶ **1 选择**（选择 B7 单元格）

▶ **2 删除**（在编辑栏中删除要修改的部分参数）

▶ **3 修改**（输入新的公式参数，按〈Enter〉键确认）

-116-

第 8 章　使用公式计算数据

| 痛点 | 修改数组公式总是不被允许 |

如果直接修改数组公式弹出"无法更改部分数组"的提示框，如下图所示，这时需要采用一个小技巧：修改数组公式后按〈Ctrl+Shift+Enter〉组合键确认。

微课：修改数组公式总是不被允许

★8.2.2　复制公式

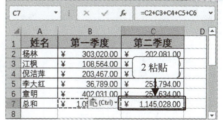

注解 Explain with notes

▶ **1 选择**（选择 B7 单元格，按〈Ctrl+C〉组合键复制公式）

▶ **2 粘贴**（选择 C7 单元格，按〈Ctrl+V〉组合键粘贴公式）

| 答疑 | 相对引用、绝对引用和混合引用的区别 |

公式中相对引用（如 A2）是基于包含公式和单元格引用的单元格相对位置的引用，如果公式所在单元格的位置改变，引用也随之改变；绝对引用（如$A$2）则是在特定位置引用单元格。如果公式所在单元格的位置改变，绝对引用将保持不变；混合引用具有绝对列和相对行或绝对行和相对列，如$A2、B$2 等，如下图所示。

-117-

Excel 达人手册：表格设计的重点、难点与疑点精讲

痛点 如何将相对引用转为绝对引用

将相对引用转换为绝对引用，在快捷菜单命令中或功能选项中都无法找到转换的命令或选项，无法正常转换该怎么办呢？可以直接按〈F4〉键快速转换。

8.3 定义单元格名称

适用版本：2016、2013、2010、2007

★ 8.3.1 定义单个单元格名称

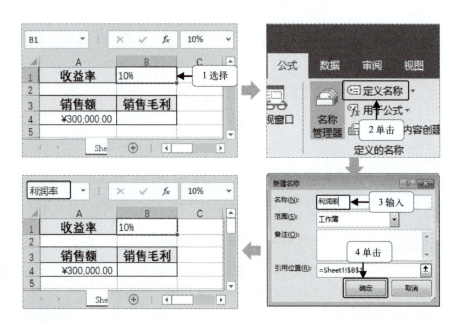

E 注解
xplain with notes

▶ **1 选择**（选择要定义名称的单元格）

▶ **2 单击**（在"公式"选项卡中，单击"定义名称"按钮）

▶ **3 输入**（在"新建名称"对话框中的"名称"文本框内输入新名称）

▶ **4 单击**（单击"确定"按钮）

第 8 章 使用公式计算数据

8.3.2 批量定义单元格名称

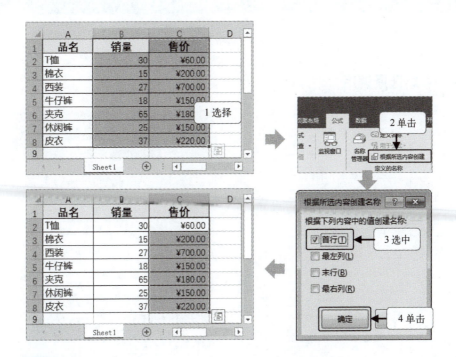

注解
xplain with notes

▶ **1 选择**（选择批量定义名称的单元格区域）

▶ **2 单击**（单击"公式"选项卡"定义的名称"组中的"根据所选内容创建"按钮，打开"根据所选内容创建名称"对话框）

▶ **3 选中**（选中"首行"复选框）

▶ **4 单击**（单击"确定"按钮）

痛点 定义单元格名称总是不成功

在定义单元格名称时 Excel 总是出现各种错误提示，这是因为设置的名称不符合规范。经过笔者多年经验总结，有以下几点原因：(1) 定义的名称与单元格引用相同或者以字母 C、c、R、r 作为名称；(2) 名称中包含空格；(3) 使用除下画线、句点号和反斜线以外的其他符号；(4) 问号作为名称开头；(5) 名称为 "Print_Titles" 和 "Print_Area" 等。

8.4 调用单元格名称

适用版本：2016、2013、2010、2007

★ 8.4.1 选择调用

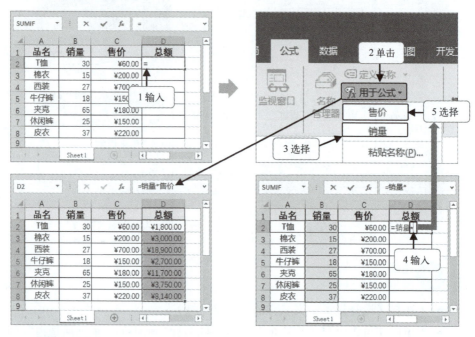

注解
Explain with notes

▶ **1 输入**（在 D2 单元格中输入等号"="）

▶ **2 单击**（单击"公式"选项卡中"用于公式"下拉按钮）

▶ **3 选择**（选择"销量"选项）

▶ **4 输入**（输入运算符乘号"*"）

▶ **5 选择**（再次单击"用于公式"下拉按钮，选择"售价"选项，按〈Ctrl+Enter〉组合键得出"总额"数据）

答疑 查看定义名称的有效范围

虽然可以在名称框中看到定义的名称，但名称的有效范围并不知晓，这对调用名称参与计算不方便。有一简单方法可快速查看名称的有效作用范

第 8 章 使用公式计算数据

围：只需单击"名称"下拉按钮，在下拉选项中选择对应的名称选项，Excel 自动在表格中选择有效作用范围。如下图所示。

8.4.2 输入调用

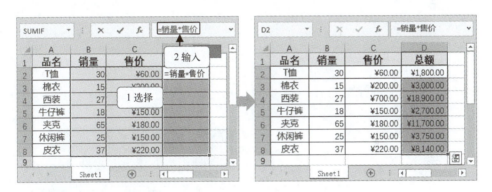

注解
Explain with notes

▶ **1 选择**（选择要输入调用名称的单元格区域）
▶ **2 输入**（在编辑栏中输入调用的单元格名称，按〈Ctrl+Enter〉组合键确认）

痛点 在参数对话框中如何快速调用单元格名称

在图表"编辑数据系列"对话框中设置数据系列值时，常规的调用名称方式可能无法正常使用，导致名称数据无法调用，这时将光标定位在"系列值"文本框中按〈F3〉键，在打开的"粘贴名称"对话框中选择名称选项，单击"确定"按钮调用即可，如下图所示。

微课：在参数对话框中如何快速调用单元格名称

-121-

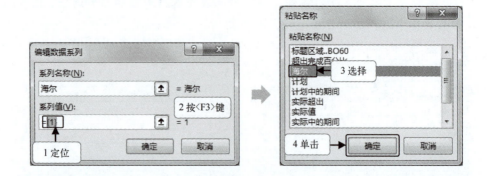

8.5 审核公式

适用版本：2016、2013、2010、2007

8.5.1 显示公式

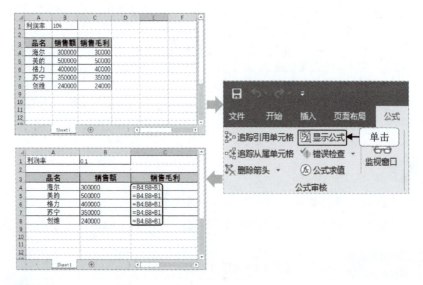

注解
Explain with notes

▶ 单击（单击"公式"选项卡"公式审核"组中的"显示公式"按钮，显示表中所有的公式）

8.5.2 追踪单元格引用情况

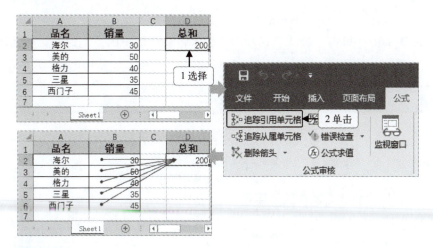

注解 xplain with notes

- **1 选择**（选择 D2 单元格）
- **2 单击**（单击"公式"选项卡"公式审核"组中的"追踪引用单元格"按钮）

8.5.3 追踪从属单元格

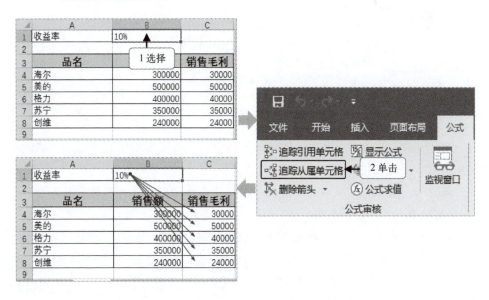

Excel 达人手册：表格设计的重点、难点与疑点精讲

E 注解 Explain with notes

▶ **1 选择**（选择 B1 单元格）

▶ **2 单击**（单击"公式"选项卡"公式审核"组中的"追踪从属单元格"按钮）

高手竞技场　制作现金流量表

素材文件	云盘\高手竞技场\素材\第8章\现金流量表.xlsx
结果文件	云盘\高手竞技场\结果\第8章\现金流量表.xlsx

▼ 制作的现金流量表模板样式

【关键操作点】——制作现金流量表

第 1 步：分别在 C7、C12、C20 单元格中输入公式"=SUM(C5:C6)""=SUM(C8:C11)""=SUM(C19)"。

第 2 步：分别将 C7、C12、C18、C20 单元格名称定义为"现金收入合计""现金支出合计""现金收入小计""现金流出小计"。

第 3 步：在 C13、C21 单元格中调用名称参与计算，公式分别为"=现金收入合计-现金支出合计""=现金收入小计-现金支出小计"，分别计算出"经营活动产生现金净额"和"投资活动产生的现金流动净额"。

第 4 步：显示公式。

第 9 章

使用函数计算数据

本章导读

表格中的简单计算利用一般公式就可以轻松解决了,但对于一些稍微复杂或带有行业性质的计算,就需要使用专有或是行业函数。Excel 中的专有函数或行业函数有数百个,本章将介绍一些常用的、高效的、易学的函数,帮助读者"攻克"数据计算难题。

知识要点

- 调用函数
- SUM 系列函数
- IF 函数
- COUNT 系列函数
- 投资收益率函数
- 投资预算函数
- 查看函数使用方法
- AVERAGE 系列函数
- 极值函数
- PMT 系列函数
- 折旧系列函数

9.1 调用函数

适用版本：2016、2013、2010、2007

9.1.1 函数库中调用

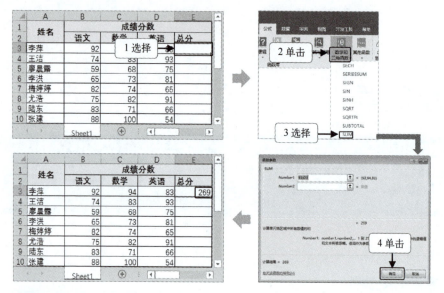

E 注解
xplain with notes

▸ **1 选择**（选择需要调用函数的单元格）

▸ **2 单击**（单击"公式"选项卡中"函数库"组的"数学和三角函数"下拉选项）

▸ **3 选择**（选择"SUM"函数，在"Number1"的文本框中输入"B3:D3"）

▸ **4 单击**（单击"确定"按钮）

9.1.2 首字母输入调用

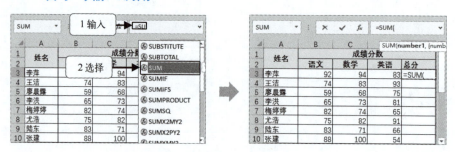

第 9 章　使用函数计算数据

> **注解**
> Explain with notes

- **1 输入**（输入需要调用函数的首字母或前 2 个字母，如输入"=SU"）
- **2 选择**（在弹出的备选项中选择要调用的函数，如"SUM"）

9.1.3　对话框中调用

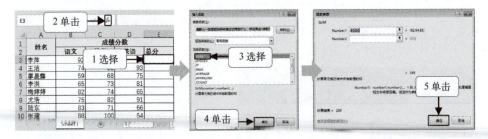

> **注解**
> Explain with notes

- **1 选择**（选择需要调用函数的单元格）
- **2 单击**（单击编辑栏中的"插入函数"按钮）
- **3 选择**（在"插入函数"对话框中选择函数 SUM）
- **4 单击**（单击"插入函数"对话框中的"确定"按钮，打开"函数参数"对话框）
- **5 单击**（设置函数参数，在"Number1"文本框中输入"B3:D3"，单击"确定"按钮）

9.2　查看函数使用方法

适用版本：2016、2013、2010、2007

9.2.1　通过"帮助"查看

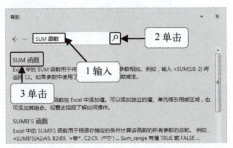
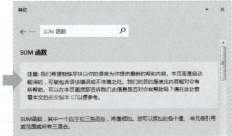

注解 Explain with notes

▶ **1 输入**（按〈F1〉键，打开"帮助"面板，在搜索框中输入要查看的函数名称）
▶ **2 单击**（单击"搜索"按钮）
▶ **3 单击**（单击要查看的函数标题超链接）

9.2.2 对话框中查看

注解 Explain with notes

▶ **1 输入**（在编辑栏输入函数表达式，将光标定位到函数括号里）
▶ **2 单击**（单击编辑栏中的"插入函数"按钮，打开"函数参数"对话框，将光标定位到对应参数的文本框中，在下面就能看到该参数的说明）

9.3 SUM 系列函数

适用版本：2016、2013、2010、2007

★ 9.3.1 数据求和 SUM

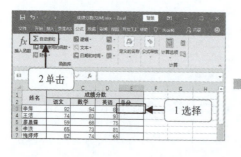 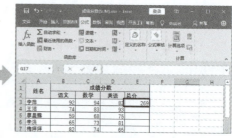

第 9 章 使用函数计算数据

E 注解
xplain with notes

▶ **1 选择**（选择 E2 单元格）
▶ **2 单击**（单击"自动求和"按钮，按〈Enter〉键确认）

补充 交叉求和

使用 SUM 对交叉区域的求和，只需在参数上进行一个小小的设置就行，如公式"=SUM (A B)"，表示对 A，B 两个区域重合部分的总和。如下图所示，A 区域是 A2:C4，B 区域是 B3:D6，交叉区域 B3:C4 的公式为"=SUM(A2:C4 B3:D6)"。

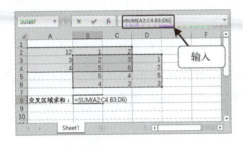 

9.3.2 数据单条件求和 SUMIF

SUMIF（条件区域，条件，求和区域）

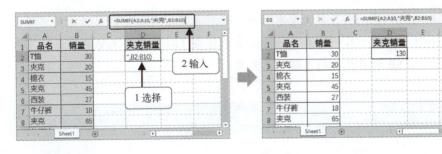

E 注解
xplain with notes

▶ **1 选择**（选择 D2 单元格）
▶ **2 输入**（在编辑栏中输入 SUMIF 函数表达式"=SUMIF（A2:A10,"夹克"，B2:B10)"，按〈Enter〉键确认）

9.3.3 数据多条件求和 SUMIFS

SUMIFS（求和区域，条件区域1，条件1，条件区域2，条件2……）

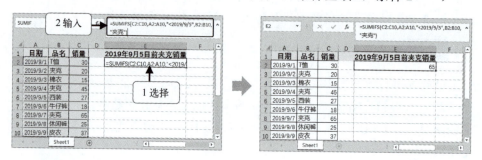

> **注解** Explain with notes

▶ **1 选择**（选择 E2 单元格）
▶ **2 输入**（在编辑栏中输入 SUMIFS 函数表达式"=SUMIFS(C2:C10,A2:A10,"<20191915",B2:B10,"夹克")"，按〈Enter〉键确认）

补充　SUMIFS 常见问题

当条件是汉字类文本时，如姓名、产品名称等，需要为其添加双引号，否则结果为 0。另外，如果两个条件出现在同一个条件区域内，也有可能导致结果为 0。

求和结果不正确的原因主要有两种：一种是 Sum_range 的求值方式不同，导致求和结果出错；另一种是 Sum_range 中包含 TRUE 的单元格的求值结果为 1，包含 FALSE 的单元格的求值结果为 0。

9.4　AVERAGE 系列函数

适用版本：2016、2013、2010、2007

★ 9.4.1 数据平均 AVERAGE

AVERAGE（数字, 数字, 数字,……）

第 9 章 使用函数计算数据

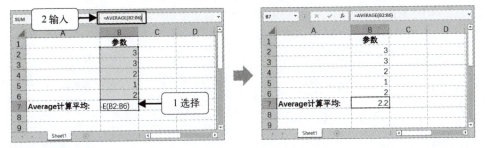

> **注解** xplain with notes

- **1 选择**（选择 B7 单元格）
- **2 输入**（在编辑栏中输入 AVERAGE 函数表达式"=AVERAGE(B2:B6)"，按〈Enter〉键确认）

9.4.2 数据算术平均 AVERAGEA

AVERAGEA（数字, 数字, 数字,……）

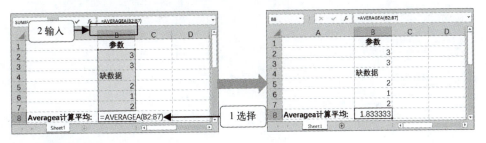

> **注解** xplain with notes

- **1 选择**（选择 B8 单元格）
- **2 输入**（在编辑栏中输入 AVERAGEA 函数表达式"=AVERAGEA(B2:B7)"，按〈Enter〉键确认）

9.4.3 数据单条件平均 AVERAGEIF

AVERAGEIF（计算平均值区域,条件）

> **注解** xplain with notes

- **1 选择**（选择 D2 单元格）
- **2 输入**（在编辑栏中输入 AVERAGEIF 函数表达式"=AVERAGEIF

Excel 达人手册：表格设计的重点、难点与疑点精讲

(B2:B10，"<20")"，按〈Enter〉键确认）

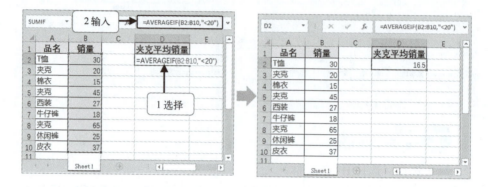

■ 9.4.4 列表或数据库平均 DAVERAGE

DAVERAGE（数据区域，列名称，条件区域）

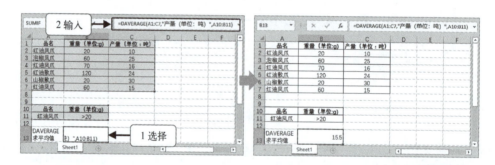

E 注解
xplain with notes

▶ **1 选择**（选择 B13 单元格）

▶ **2 输入**（在编辑栏中输入 DAVERAGE 函数表达式 "=DAVERAGE (A1:C7,"产量（单位：吨）", A10:B11)"，按〈Enter〉键确认）

微课：列表或数据库平均——DAVERAGE

★9.5 IF 函数

适用版本：2016、2013、2010、2007

IF（判定条件，条件成立返回结果或操作，条件不成立返回结果或操作）

第 9 章　使用函数计算数据

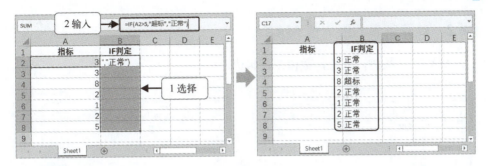

注解
xplain with notes

▶ **1 选择**（选择 B2:B8 单元格区域）
▶ **2 输入**（在编辑栏中输入 IF 函数表达式"=IF(A2>5,"超标","正常")"，按〈Ctrl+Enter〉组合键确认）

9.6　极值函数

适用版本：2016、2013、2010、2007

★ 9.6.1　最大值 MAX

MAX（数字，数字，数字，……）

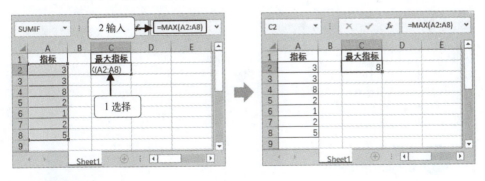

注解
xplain with notes

▶ **1 选择**（选择 C2 单元格）
▶ **2 输入**（在编辑栏中输入 MAX 函数表达式"=MAX(A2:A8)"，按〈Enter〉键确认）

9.6.2 计算列表的最大值 MAXA

MAXA（数值，数值，数值，逻辑值，……）

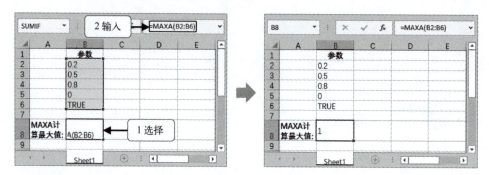

注解 explain with notes

- **1 选择**（选择 B8 单元格）
- **2 输入**（在编辑栏中输入 MAXA 函数表达式"=MAXA（B2:B6）"，按〈Enter〉键确认）

★9.6.3 最小值 MIN

MIN（数字，数字，数字，……）

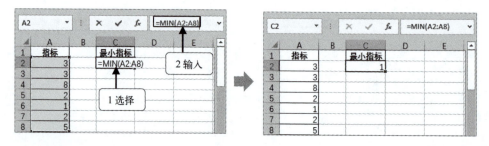

注解 explain with notes

- **1 选择**（选择 C2 单元格）
- **2 输入**（在编辑栏中输入 MIN 函数表达式"=MIN（A2:A8）"，按〈Enter〉键确认）

第 9 章 使用函数计算数据

9.6.4 指定条件中的最小值 MINA

MINA（数值，数值，数值，逻辑值，……）

E 注解
xplain with notes

▶ **1 选择**（选择 B8 单元格）

▶ **2 输入**（在编辑栏中输入 MINA 函数表达式"=MINA（B2:B6）"，按〈Enter〉键确认）

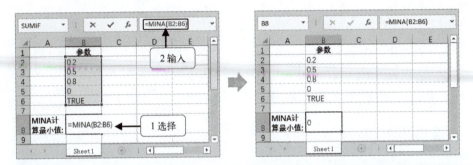

9.7 COUNT 系列函数

适用版本：2016、2013、2010、2007

9.7.1 数据个数统计 COUNT

COUNT（数字，数字，数字，……）

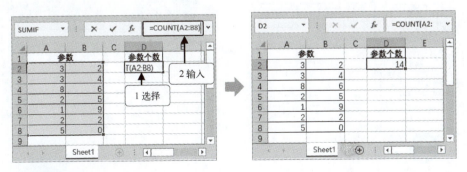

E 注解
xplain with notes

▶ **1 选择**（选择 D2 单元格）

▶ 2 输入（在编辑栏中输入 COUNT 函数表达式 "=COUNT（A2:B8）"，按〈Enter〉键确认）

★ 9.7.2 单条件统计数据个数 COUNTIF

COUNTIF（统计个数区域, 条件）

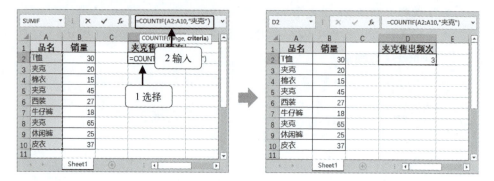

注解
xplain with notes

▶ 1 选择（选择 D2 单元格）
▶ 2 输入（在编辑栏中输入 COUNTIF 函数表达式 "=COUNTIF（A2:A10，"夹克"）"，按〈Enter〉键确认）

9.7.3 多条件统计数据个数 COUNTIFS

COUNTIFS（条件区域 1，条件 1，条件区域 2，条件 2……）

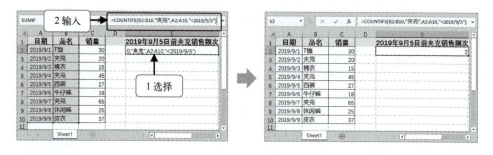

注解
xplain with notes

▶ 1 选择（选择 E2 单元格）
▶ 2 输入（在编辑栏中输入 COUNTIFS 函数表达式 "=COUNTIFS（B2:B10,

第 9 章 使用函数计算数据

"夹克"，A2:A10，"<20191915")"，按〈Enter〉键确认）

9.8 PMT 系列函数

适用版本：2016、2013、2010、2007

9.8.1 分期还款金额 PMT

PMT（利率，付款总数，现值）

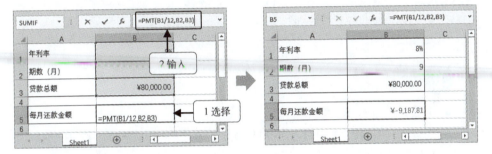

E 注解
xplain with notes

▶ **1 选择**（选择 B5 单元格）

▶ **2 输入**（在编辑栏中输入 PMT 函数表达式"=PMT（B1/12, B2, B3）"，按〈Enter〉键确认）

9.8.2 指定期数的还款利息 IPMT

IPMT(利率，指定期数，付款总期数，现值)

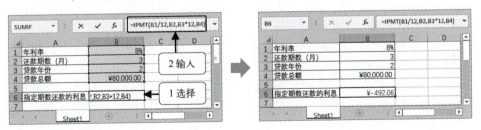

E 注解
xplain with notes

▶ **1 选择**（选择 B6 单元格）

▶ **2 输入**（在编辑栏中输入 IPMT 函数表达式 "=IPMT（B1/12, B2, B3*12, B4）"，按〈Enter〉键确认）

9.8.3 指定期数的还款本金 PPMT

PPMT (利率，指定期数，付款总期数，现值)

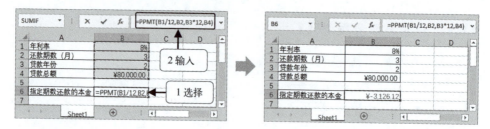

E 注解
Explain with notes

▶ **1 选择**（选择 B6 单元格）
▶ **2 输入**（在编辑栏中输入 PPMT 函数表达式 "=PPMT（B1/12, B2, B3*12, B4）"，按〈Enter〉键确认）

9.9 投资收益率函数

适用版本：2016、2013、2010、2007

9.9.1 定期收益率 MIRR

MIRR (现金流，利率，再投资的收益率)

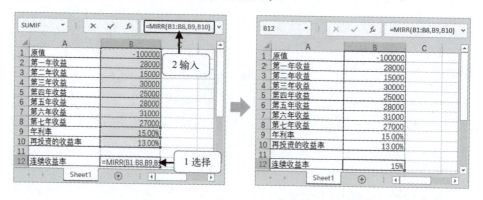

第 9 章 使用函数计算数据

> **注解** explain with notes

- **1 选择**（选择 B12 单元格）
- **2 输入**（在编辑栏中输入 MIRR 函数表达式"=MIRR（B1:B8,B9,B10）"，按〈Enter〉键确认）

9.9.2 不定期现金收益率 XIRR

XIRR（现金流，付款日期，接近 XIRR 结果的数字）

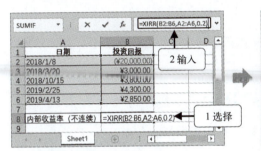

> **注解** explain with notes

- **1 选择**（选择 B8 单元格）
- **2 输入**（在编辑栏中输入 XIRR 函数表达式"XIRR（B2:B6,A2:A6,0.2）"，按〈Enter〉键确认）

9.10 折旧系列函数

适用版本：2016、2013、2010、2007

9.10.1 直线折旧值 SLN

SLN（原值，估计残值，周期总数）
年限平均法的计算公式如下：
年折旧率=（1-预计净残值率）÷预计使用寿命（年）×100%
月折旧率=年折旧率÷12
月折旧额=固定资产原价×月折旧率

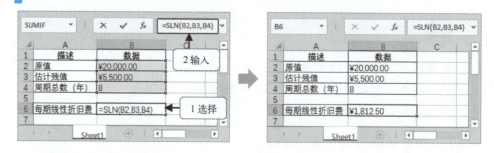

注解
explain with notes

- **1 选择**（选择 B6 单元格）
- **2 输入**（在编辑栏中输入 SLN 函数表达式"=SLN（B2, B3, BB4）"，按〈Enter〉键确认）

9.10.2 指定年份或月份折旧值 SYD

SYD（原值，估计残值，周期总数，指定折旧期）

年数总和法的计算公式如下：

$$年折旧率 = \frac{预计使用寿命-已使用年限}{预计使用寿命 \times (预计使用寿命+1)/2} \times 100\%$$

或者：

$$年折旧率 = \frac{尚可使用年限}{预计使用寿命的年数总和} \times 100\%$$

月折旧率 = 年折旧率 ÷ 12

月折旧额 =（固定资产原价 - 预计净残值）× 月折旧率

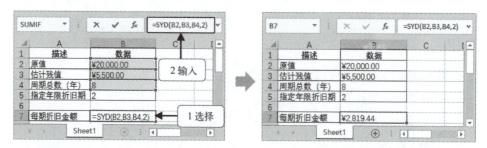

注解
explain with notes

- **1 选择**（选择 B7 单元格）

▶ **2 输入**（在编辑栏中输入 SYD 函数表达式"=SYD（B2, B3, B4, 2）"，按〈Enter〉键确认）

9.10.3 单倍折旧值 DB

DB(原值，残值，折旧期限（年），累积到的年限，累积到的月份)

函数 DB（固定余额递减法用于计算固定利率下的资产折旧值）使用下列计算公式来计算一个期间的折旧值：

$$(cost - 前期折旧总值) \times rate$$

式中：

rate = 1- ((salvage / cost) ^ (1 / life))，保留 3 位小数

第一个周期和最后一个周期的折旧属于特例。对于第一个周期，函数 DB 的计算公式为：

$$cost \times rate \times month / 12$$

对于最后一个周期，函数 DB 的计算公式为：

$$((cost - 前期折旧总值) \times rate \times (12 - month)) / 12$$

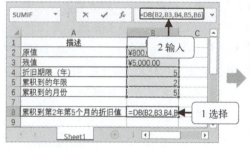

注解
Explain with notes

▶ **1 选择**（选择 B8 单元格）

▶ **2 输入**（在编辑栏中输入 DB 函数表达式"=DB（B2、B3、B4、B5、B6）"，按〈Enter〉键确认）

9.10.4 双倍折旧值 DDB

DDB（原值，残值，折旧期限，折旧计算的期次，余额递减速率）

双倍余额递减法的计算公式如下：

年折旧率=2/预计使用寿命（年）×100%

月折旧率=年折旧率÷12

月折旧额=每月月初固定资产账面净值×月折旧率

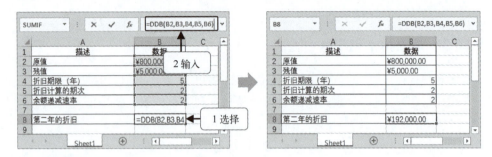

E 注解
Explain with notes

▶ **1 选择**（选择 B8 单元格）
▶ **2 输入**（在编辑栏中输入 DDB 函数表达式"=DDB（B2，B3，B4，B5，B6）"，按〈Enter〉键确认）

补充 工作量法折旧

工作量折旧法是根据实际工作量计算每期折旧额的方法。基本计算公式为：
单位工作量折旧额=[固定资产原价×（1-预计净残值率）]÷预计总工作量
某项固定资产月折旧额=该项固定资产当月工作量×单位工作量折旧额
例：某个体经营户有一辆汽车，汽车原值是 100 000 元，预计每年行驶 40 000 公里，净残值率是 8%，当月行驶 3 000 千米，若采用工作量法折旧，计算如下：
单位路程折旧=100 000×（1-8%）÷40000=2.3（元/公里）
当月折旧=3 000×2.3=6 900（元）

★ **9.10.5 第 3～5 年间的资产折旧值 VDB**

VDB (原值，残值，折旧期限，起始折旧期，结束折旧期)

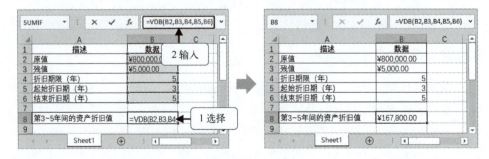

第 9 章 使用函数计算数据

> **E** 注解
> xplain with notes

▶ **1 选择**（选择 B8 单元格）

▶ **2 输入**（在编辑栏中输入 VDB 函数表达式"=VDB（B2，B3，B4，B5，B6）"，按〈Enter〉键确认）

9.11 投资预算函数

适用版本：2016、2013、2010、2007

9.11.1 计算投资现值 PV

PV(利率，期限，每期期望回报收益金额)

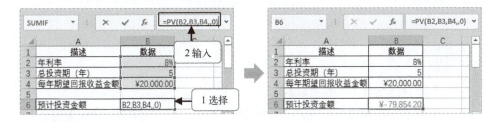

> **E** 注解
> xplain with notes

▶ **1 选择**（选择 B6 单元格）

▶ **2 输入**（在编辑栏中输入 PV 函数表达式"=PV（B2，B3，B4，0）"，按〈Enter〉键确认）

9.11.2 计算投资总现值 NPV

NPV(贴现率，现金流 1，现金流 2，现金流 3……)

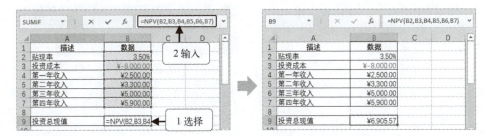

Excel 达人手册：表格设计的重点、难点与疑点精讲

E 注解
xplain with notes

▶ **1 选择**（选择 B9 单元格）

▶ **2 输入**（在编辑栏中输入 NPV 函数表达式"=NPV（B2，B3，B4，B5，B6，B7）"，按〈Enter〉键确认）

9.11.3 预测投资效果 FV

V(利率，投资周期，定期投入)

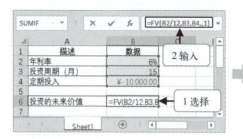

E 注解
xplain with notes

▶ **1 选择**（选择 B6 单元格）

▶ **2 输入**（在编辑栏中输入 FV 函数表达式"=FV（B2/12，B3，B4，1）"，按〈Enter〉键确认）

痛点　函数中快速找到错误的参数设置

　　函数计算出现错误是常见问题，怎么在函数中找到错误参数，对于新手而言是一件比较困难的事（若是复杂的嵌套函数，对高手而言同样是难题），这里笔者推荐一种自动检查错误的技能，如下图所示。

微课：函数中快速找到错误的参数设置

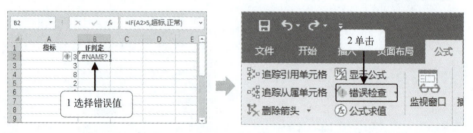

第 9 章 使用函数计算数据

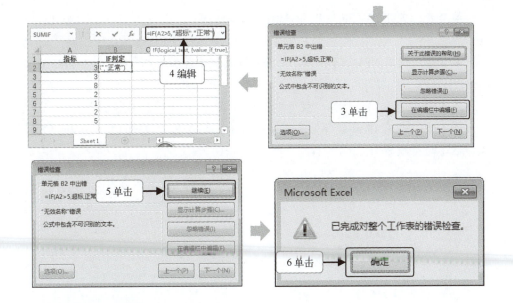

高手竞技场　制作贷款投资评估表

素材文件	云盘\高手竞技场\素材\第9章\投资评估.xlsx
结果文件	云盘\高手竞技场\结果\第9章\投资评估.xlsx

▽ 使用函数对投资项目评估

【关键操作点】——排序整理数据

第 1 步：使用 PMT 函数计算 4 年还款总额，函数为"=PMT(B4,B5,B2)*4"。

—145—

第 2 步：使用 AVERAGE 函数计算"均利率"，函数为"=AVERAGE(E4:E6)"。

第 3 步：使用 NPV 函数计算"未来投资总额（总本金）"，函数为"=NPV(E8,E9:E12)+B2"。

第 4 步：使用公式计算"投资利润额"，公式为"=E13+B6"。

第 5 步：使用 IF 函数评估是否值得投资，公式为"=IF(E14>=20000,"值得投资","不值得投资")"。

第 10 章

数据的排序

本章导读

在整理或查看表格时，要让数据按照指定列高度排列或分类，最直接的方法就是排序。

在本章中将会详细讲解排序的常用方法，让读者真正把排序功能玩转、玩透。

知识要点

- 按单一关键字段排序
- 按底纹颜色排序
- 按图标排序
- 指定区域排序
- 按多个关键字段排序
- 按字体颜色排序
- 按行排序
- 自定义排序

10.1　按单一关键字段排序

适用版本：2016、2013、2010、2007

10.1.1　单击按钮一键排序

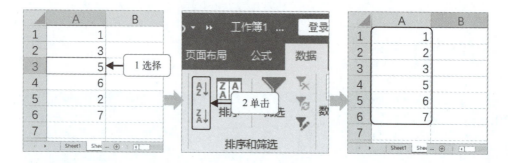

> 注解
> Explain with notes

▶ **1 选择**（在数据列中选择任一单元格）
▶ **2 单击**（单击"升序"或"降序"按钮）

10.1.2　右键菜单命令排序

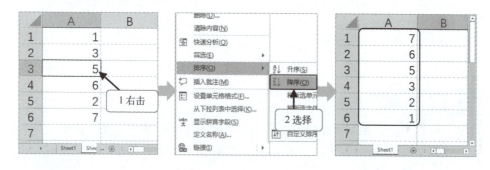

> 注解
> Explain with notes

▶ **1 右击**（在任一数据单元格上单击鼠标右键）
▶ **2 选择**（在弹出的快捷菜单中选择"排序"→"降序"命令）

第 10 章 数据的排序

10.2 按多个关键字段排序

适用版本：2016、2013、2010、2007

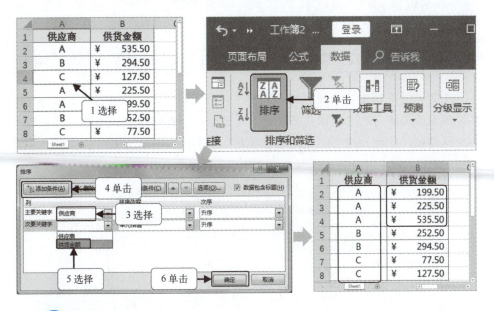

注解
E xplain with notes

- **1 选择**（选择任一数据单元格）
- **2 单击**（单击"排序"按钮，打开"排序"对话框）
- **3 选择**（选择"主要关键字"右边文本框下拉列表的"供应商"选项）
- **4 单击**（单击"添加条件"按钮）
- **5 选择**（选择"次要关键字"右边文本框下拉列表的"供货金额"选项）
- **6 单击**（单击"确定"按钮）

答疑 数据排序，偶然会出现标题行位置发生改变

排序后标题行的位置发生改变，如下左图所示，这是因为标题行参与了排序，只需在"排序"对话框选中"数据包含标题"复选框即可解决，如下右图所示。

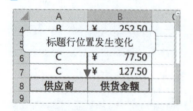 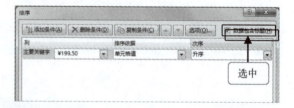

痛点 勾选"数据包含标题"后，字段仍然是列 A、列 B……显示

正常情况下，主要关键字段和次要字段的选项通常为标题行字段名称，有些时候由于没有勾选"数据包含标题"复选框，会出现列 A、列 B……。但一些特殊情况，即使勾选了"数据包含标题"复选框，字段选项仍然以列 A、列 B……显示，如下图所示，这时只需关闭 Excel 程序，重新启动即可。

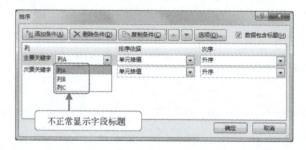

10.3　按底纹颜色排序

适用版本：2016、2013、2010、2007

10.3.1　菜单命令置顶排序

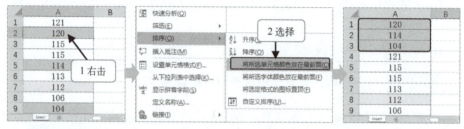

E 注解
Xplain with notes

▶ **1 右击**（在任一数据单元格上单击鼠标右键）

第 10 章 数据的排序

▶ **2 选择**（在弹出的快捷菜单中选择"排序"→"将所选单元格颜色放在最前面"命令）

10.3.2 对话框置顶排序

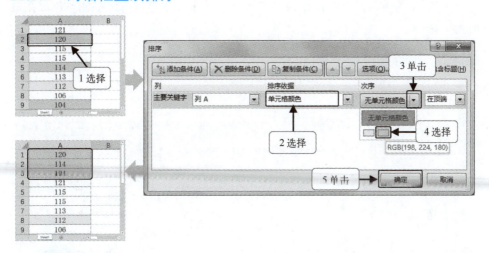

注解
Explain with notes

▶ **1 选择**（选择任意有数据的单元格）
▶ **2 选择**（在"排序"对话框中，选择"排序依据"选项为"单元格颜色"）
▶ **3 单击**（单击"次序"下拉按钮）
▶ **4 选择**（选择置顶的底纹颜色色块，例如"RGB（198，224，180）"）
▶ **5 单击**（单击"确定"按钮）

10.4 按字体颜色排序

适用版本：2016、2013、2010、2007

★ 10.4.1 菜单命令置顶排序

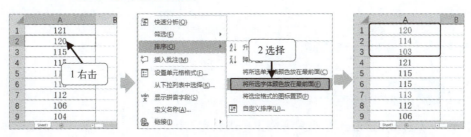

Excel 达人手册：表格设计的重点、难点与疑点精讲

E 注解
xplain with notes

▶ **1 右击**（在任一数据单元格上单击鼠标右键）

▶ **2 选择**（在弹出的快捷菜单中选择"排序"→"将所选字体颜色放在最前面"命令）

10.4.2 对话框置顶排序

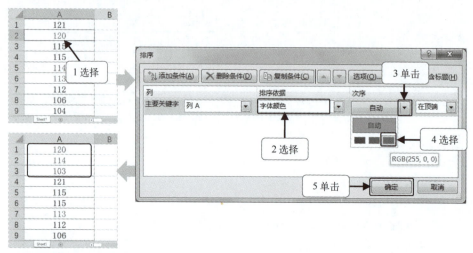

E 注解
xplain with notes

▶ **1 选择**（选择任意有数据的单元格）

▶ **2 选择**（在"排序"对话框中，选择"排序依据"选项为"字体颜色"）

▶ **3 单击**（单击"次序"下拉按钮）

▶ **4 选择**（选择置顶的字体颜色色块，例如"RGB（255，0，0）"）

▶ **5 单击**（单击"确定"按钮）

10.5 按图标排序

适用版本：2016、2013、2010、2007

★ 10.5.1 图标归类排序

E 注解
xplain with notes

▶ **1 右击**（在任一数据单元格上单击鼠标右键）

第 10 章 数据的排序

▶ **2 选择**（在弹出的快捷菜单中选择"排序"→"升序"或"降序"命令）

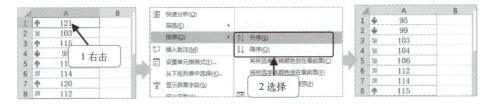

10.5.2 图标置顶排序

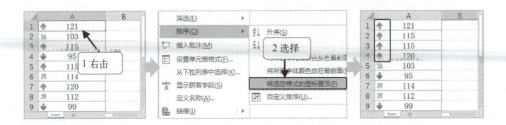

> **注解**
> xplain with notes

▶ **1 右击**（在任一数据单元格上单击鼠标右键）
▶ **2 选择**（在弹出的快捷菜单中选择"排序"→"将选定格式的图标置顶"命令）

10.6　按 行 排 序

适用版本：2016、2013、2010、2007

10.6.1 局部剪切排序

-153-

Excel 达人手册：表格设计的重点、难点与疑点精讲

E 注解
xplain with notes

▶ **1 剪切**（将光标移到列上，当鼠标光标变成▣形状时，单击鼠标左键选择要移动位置的数据列，按〈Ctrl+X〉组合键剪切）

▶ **2 选择**（选择参照列，并在其上单击鼠标右键，在弹出的快捷菜单中选择"插入剪切的单元格"命令）

★ **10.6.2 对话框排序**

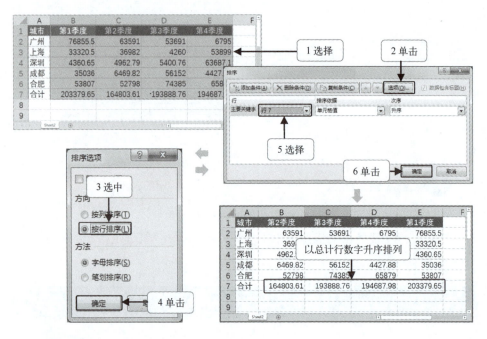

E 注解
xplain with notes

▶ **1 选择**（选择要参与排序的数据区域，打开"排序"对话框）

▶ **2 单击**（单击"选项"按钮，打开"排序选项"对话框）

▶ **3 选中**（选中"按行排序"单选按钮）

▶ **4 单击**（单击"确定"按钮）

▶ **5 选择**（选择"排序"对话框的"主要关键字"选项为排序行，这里选择"行7"）

▶ **6 单击**（单击"确定"按钮）

第 10 章　数据的排序

答疑　局部剪切行排序操作相对简单一些，为什么还要用对话框排序呢

在操作演示中，可以明显看出局部剪切行排序的方法更适合字段列少、排列顺序直观的表格（不用计算比对），但通过对话框对行数据进行排序则更快速高效。（对行数据排序通常不需要包含列字段，也就是第 1 列数据）

10.7　指定区域排序

适用版本：2016、2013、2010、2007

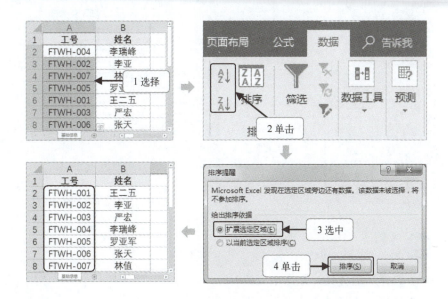

注解 Explain with notes

▶ **1 选择**（选择要排序的指定区域）

▶ **2 单击**（单击 ⇣ 或 ⇡ 按钮，打开"排序提醒"对话框）

▶ **3 选中**（选中"扩展选定区域"单选按钮）

▶ **4 单击**（单击"排序"按钮）

10.8 自定义排序

适用版本：2016、2013、2010、2007

★10.8.1 输入自定义排序条件

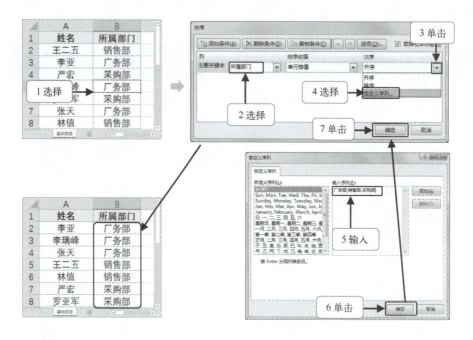

注解
xplain with notes

▶ **1 选择**（选择任一数据单元格）

▶ **2 选择**（选择排序关键字段选项）

▶ **3 单击**（单击"次序"下拉按钮）

▶ **4 选择**（选择"自定义序列"选项，打开"自定义序列"对话框）

▶ **5 输入**（在"输入序列"列表框中输入排序方式，例如"厂务部，销售部，采购部"）

▶ **6 单击**（单击"确定"按钮，返回到"排序"对话框中）

▶ **7 单击**（单击"确定"按钮）

第 10 章 数据的排序

| 痛点 | 自定义排序失败 |

自定义排序的关键点：输入的自定义序列。而自定义序列的识别关键点在于序列数据之间的逗号分隔符。自定义排序失败的绝大多数问题出在逗号分隔符上：录入的是中文逗号，而不是英文逗号。因此，只需将中文逗号更改为英文逗号即可。或将序列数据换行分布（按〈Enter〉键让每一数据项单独一行），如右图所示。

微课：自定义排序失败

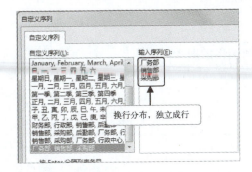

10.8.2 调用内置序列排序

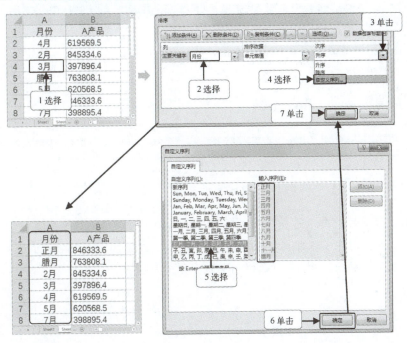

Excel 达人手册：表格设计的重点、难点与疑点精讲

注解
Explain with notes

▶ **1 选择**（选择任一数据单元格）

▶ **2 选择**（选择排序关键字段选项）

▶ **3 单击**（单击"次序"下拉按钮）

▶ **4 选择**（选择"自定义序列"选项，打开"自定义序列"对话框）

▶ **5 选择**（在"自定义序列"列表框中选择"序列"进行调用）

▶ **6 单击**（单击"确定"按钮，返回到"排序"对话框中）

▶ **7 单击**（单击"确定"按钮）

高手竞技场　　排列销售数据

素材文件	云盘\高手竞技场\素材\第10章\业务销售.xlsx
结果文件	云盘\高手竞技场\结果\第10章\业务销售.xlsx

▽ 排序后

	A	B	C	D	E	F	G	H	I	J	K
1	员工编号	业务员	1月	5月	4月	8月	2月	6月	3月	7月	个人总和
2	CDFT_013	将小蓉	136318	137517	419808	421006	286790	287989	512856	514054	2716337
3	CDFT_007	罗亚军	33178	34377	811818	813017	325871	327070	553937	555135	3454404
4	CDFT_010	罗米飞	208518	209717	290125	291324	920886	922085	478875	480074	3801604
5	CDFT_011	吴昊如	312283	313482	411980	413179	429342	430541	770484	771683	3852973
6	CDFT_009	刘强	350841	352040	199556	200755	338125	339323	1041155	1042354	3864150
7	CDFT_008	罗飞	704425	705623	881569	882767	253994	255193	402521	403720	4489812
8	CDFT_002	李瑞峰	642279	643478	309651	310850	563603	564802	964355	965554	4964571
9	CDFT_005	林值	778343	779542	709525	710724	508477	509676	484040	485239	4965566
10	CDFT_006	严宏	656064	657263	667447	668646	1049191	1050390	257866	259065	5265932
11	CDFT_012	吴小昊	387361	388559	87281	88480	1277504	1278703	1201537	1202735	5912160
12	CDFT_001	李亚	743483	744682	916570	917769	1014402	1015600	477476	478675	6308656
13	CDFT_003	张天	1337300	1338499	880715	881913	385800	386999	1117195	1118394	7446815
14	CDFT_004	王二五	1023116	1024315	1275277	1276476	957305	958504	1087466	1088665	8691124
16	月份合计		7313508.84	7329093.24	7861322.04	7876906.44	8311290.24	8326874.64	9349761.96	9365346.36	65734103.76

【关键操作点】——排序整理数据

第1步：对"个人总和"列数字升序排列。

第2步：对"员工编号"列编号升序排列。

第3步：按行以第16行数据为关键字段升序排列。

第 11 章

数据的分类汇总

本章导读

分类汇总是将同类数据按指定方式进行汇总统计。在前一章中已讲解排序的多种操作,在本章中将讲解如何在排序分类的基础上进行分类汇总。

知识要点

- 自动分类汇总
- 手动分类汇总
- 同一字段不同计算的多层汇总
- 不同字段相同计算的多层汇总
- 删除自动分类汇总
- 删除手动分类汇总
- 清除表格左侧的分级显示
- 切换汇总数据的分级显示
- 隐藏指定汇总明细数据

11.1　单层分类汇总

适用版本：2016、2013、2010、2007

★ 11.1.1　自动分类汇总

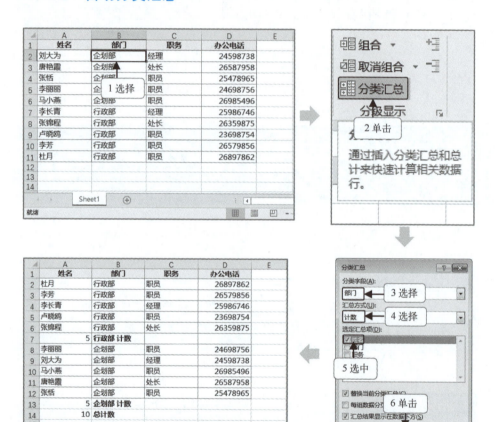

E 注解
xplain with notes

▶ **1 选择**（在数据列中选择任一单元格，对该列数据进行升/降序排列）

▶ **2 单击**（单击"数据"选项卡"分级显示"组中"分类汇总"按钮）

▶ **3 选择**（在"分类汇总"对话框的"分类字段"下拉选项中选择"部门"选项）

▶ **4 选择**（在"汇总方式"下拉选项中选择"计数"选项）

第 11 章 数据的分类汇总

▶ **5 选中**（在"选定汇总项"选项框中选中"姓名"复选框）

▶ **6 单击**（单击"确定"按钮）

答疑 分类汇总弹出非正常提示信息

在分类汇总时，Excel 自动打开提示对话框，提示"Microsoft Excel 无法确定当前列表或选定区域的哪一行包含列标签，因此不能执行此命令"的信息，如下图所示，这时只需在表格中完善字段名称即可。

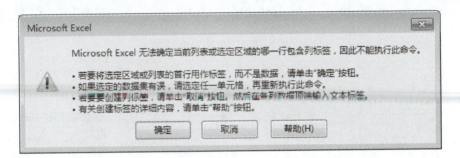

11.1.2 手动分类汇总

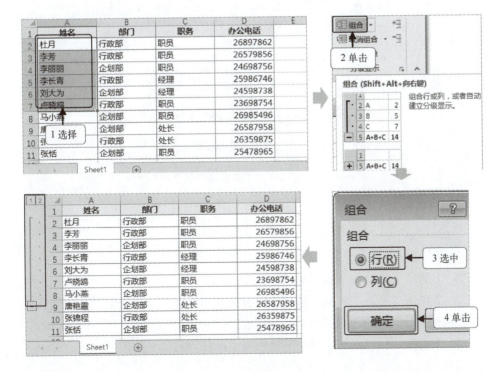

E 注解
xplain with notes

- ▶ **1 选择**（选择要划分为一组的单元格区域）
- ▶ **2 单击**（单击"数据"选项卡"分级显示"组中的"组合"按钮）
- ▶ **3 选中**（在打开的"组合"对话框中选中"行"单选按钮）
- ▶ **4 单击**（单击"确定"按钮）

11.2 多层分类汇总

适用版本：2016、2013、2010、2007

★11.2.1 同一字段不同计算的多层汇总

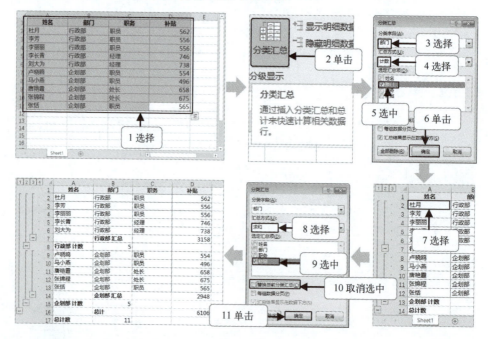

E 注解
xplain with notes

- ▶ **1 选择**（选择整个数据区域）
- ▶ **2 单击**（单击"数据"选项卡"分级显示"组中"分类汇总"按钮，打开"分类汇总"对话框）
- ▶ **3 选择**（在"分类字段"下拉选项中选择"部门"选项）

第 11 章 数据的分类汇总

▶ **4 选择**（在"汇总方式"下拉选项中选择"计数"选项）

▶ **5 选中**（在"选定汇总项"选项框中选中"部门"复选框）

▶ **6 单击**（单击"确定"按钮）

▶ **7 选择**（选择表格中的任一数据单元格，再次单击"数据"选项卡"分级显示"组中"分类汇总"按钮，打开"分类汇总"对话框）

▶ **8 选择**（在"汇总方式"下拉选项中选择"求和"选项）

▶ **9 选中**（在"选定汇总项"选项框中选中"补贴"复选框）

▶ **10 取消选中**（取消选中"替换当前分类汇总"复选框）

▶ **11 单击**（单击"确定"按钮）

11.2.2 不同字段相同计算的多层汇总

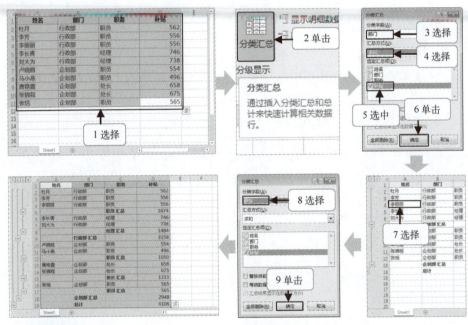

E 注解
xplain with notes

▶ **1 选择**（选择整个数据区域）

▶ **2 单击**（单击"数据"选项卡"分级显示"组中"分类汇总"按钮）

▶ **3 选择**（打开"分类汇总"对话框，在"分类字段"下拉选项中选择"部门"选项）

▶ **4 选择**（在"汇总方式"下拉选项中选择"求和"选项）

▶ **5 选中**（在"选定汇总项"复选框中选中"补贴"选项）

- **6 单击**（单击"确定"按钮）
- **7 选择**（选择表格中任一单元格，再单击"数据"选项卡"分级显示"组中"分类汇总"按钮，打开"分类汇总"对话框）
- **8 选择**（在"分类字段"下拉选项中选择"职务"选项）
- **9 单击**（单击"确定"按钮）

11.3 删除分类汇总

适用版本：2016、2013、2010、2007

★ 11.3.1 删除自动分类汇总

注解
Explain with notes

- **1 选择**（选择任一单元格）
- **2 单击**（单击"数据"选项卡"分级显示"组中的"分类汇总"按钮打开"分类汇总"对话框）
- **3 单击**（单击"全部删除"按钮）

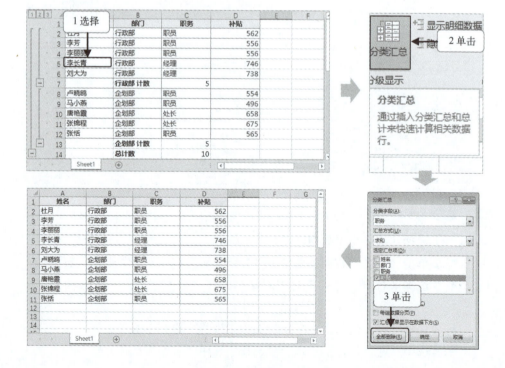

第 11 章　数据的分类汇总

11.3.2　删除手动分类汇总

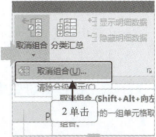

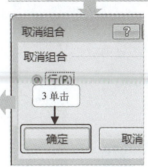

E 注解
xplain with notes

▶ **1 选择**（选择要取消手动分组的单元格区域）
▶ **2 单击**（单击"数据"选项卡"分级显示"组中的"取消组合"按钮）
▶ **3 单击**（在打开的"取消组合"对话框中单击"确定"按钮）

11.4　汇总分级操作

适用版本：2016、2013、2010、2007

11.4.1　清除表格左侧的分级显示

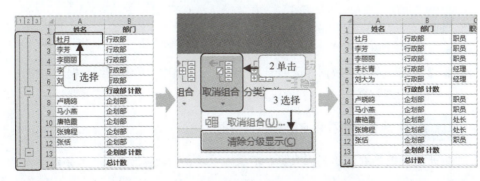

-165-

Excel 达人手册：表格设计的重点、难点与疑点精讲

> **E** 注解
> xplain with notes

- **1 选择**（选择任一有数据的单元格）
- **2 单击**（单击"取消组合"下拉按钮）
- **3 选择**（选择"清除分级显示"选项）

★ 11.4.2 切换汇总数据的分级显示

> **E** 注解
> xplain with notes

- **单击**（单击窗格左上角的分级按钮，如"2"，显示 2 级汇总数据）

11.4.3 隐藏指定汇总明细数据

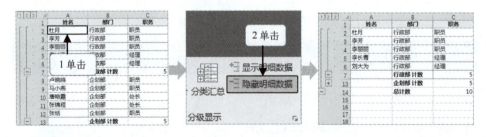

> **E** 注解
> xplain with notes

- **1 单击**（单击任一数据单元格）
- **2 单击**（单击"数据"选项卡"分级显示"组中"隐藏明细数据"按钮，隐藏明细数据）

> 补充 **展开或折叠指定汇总明细数据**

展开隐藏或折叠汇总明细数据，不仅可以单击"数据"选项卡"分级显示"

第 11 章 数据的分类汇总

组中"显示明细数据"按钮，还可以直接单击"分级显示"窗格中加号+按钮展开数据，如下图所示。

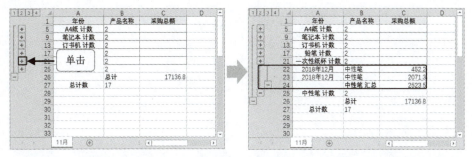

同样，也可以直接单击"分级显示"窗格中减号-按钮，隐藏指定汇总明细数据，如下图所示。

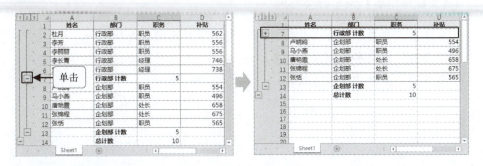

高手竞技场　汇总采购数据

素材文件	云盘\高手竞技场\素材\第11章\采购统计.xlsx
结果文件	云盘\高手竞技场\结果\第11章\采购统计.xlsx

▽ 汇总前

	A	B	C
1	年份	产品名称	采购总额
2	2018年11月	A4纸	1372.8
3	2018年12月	A4纸	1315.2
4	2018年11月	笔记本	1081.6
5	2018年12月	笔记本	3128.4
6	2018年11月	订书机	684.8
7	2018年12月	订书机	1213
8	2018年11月	铅笔	482.8
9	2018年12月	铅笔	1436.7
10	2018年11月	一次性纸杯	1927.2
11	2018年12月	一次性纸杯	1970.8
12	2018年11月	中性笔	452.2
13	2018年12月	中性笔	2071.3
14			

Excel 达人手册：表格设计的重点、难点与疑点精讲

▽ 汇总后

	A	B	C
1	年份	产品名称	采购总额
4		A4纸 汇总	2688
7		笔记本 汇总	4210
10		订书机 汇总	1897.8
13		铅笔 汇总	1919.5
16		一次性纸杯 汇总	3898
19		中性笔 汇总	2523.5
20		总计	17136.8

【关键操作点】——分类汇总

第1步：分类字段为"产品名称"，对"采购总额"进行求和。

第2步：分类字段为"产品名称"，对"产品名称"进行计数。

第3步：显示2级汇总数据。

第 12 章

按条件标识数据

本章导读

为了突显指定数据，最直接有效的方式是让其与众不同，从而能在第一时间吸引用户的眼球。在 Excel 中有很多种方法可以实现这种功能，如手动填充底纹、设置颜色、加粗、加圈等，不过最直接的方法是使用条件规则标识数据。

知识要点

- 突显区域数据
- 突显包含指定文本的数据
- 色阶展示数据热度
- 突显项目数据
- 数据条展示数据大小
- 图标展示数据状态

Excel 达人手册：表格设计的重点、难点与疑点精讲

12.1 突显区域数据

适用版本：2016、2013、2010、2007

12.1.1 突显>5000 的数据

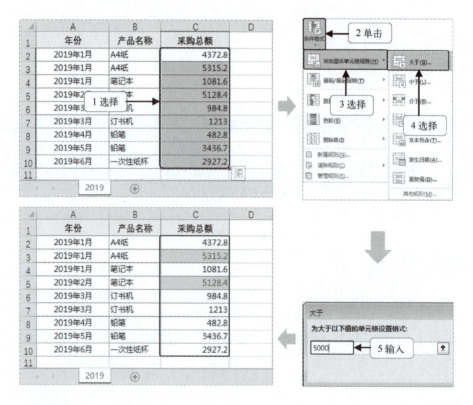

注解
Explain with notes

▶ **1 选择**（选择目标单元格区域）

▶ **2 单击**（单击"开始"选项卡"样式"组"条件格式"下拉按钮）

▶ **3 选择**（在下拉选项中选择"突出显示单元格规则"选项）

▶ **4 选择**（在子选项中选择"大于"选项打开"大于"对话框）

▶ **5 输入**（在"为大于以下值的单元格设置格式"数值框中输入"5000"，然后按〈Enter〉键确认设置）

-170-

第 12 章　按条件标识数据

12.1.2　突显<5000 的数据

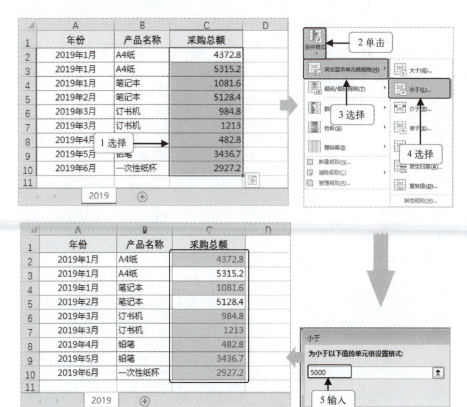

> **注解**
> Explain with notes

- **1 选择**（选择目标单元格区域）
- **2 单击**（单击"开始"选项卡"样式"组"条件格式"下拉按钮）
- **3 选择**（在下拉选项中选择"突出显示单元格规则"选项）
- **4 选择**（在子选项中选择"小于"选项打开"小于"对话框）
- **5 输入**（在"为小于以下值的单元格设置格式"数值框中输入"5000"，然后按〈Enter〉键确认设置）

12.1.3　突显=5000 的数据

> **注解**
> Explain with notes

- **1 选择**（选择目标单元格区域）

Excel 达人手册：表格设计的重点、难点与疑点精讲

- **2 单击**（单击"开始"选项卡"样式"组"条件格式"下拉按钮）
- **3 选择**（在下拉选项中选择"突出显示单元格规则"选项）
- **4 选择**（在子选项中选择"等于"选项打开"等于"对话框）
- **5 输入**（在"为等于以下值的单元格设置格式"数值框中输入"5000"，然后按〈Enter〉键确认设置）

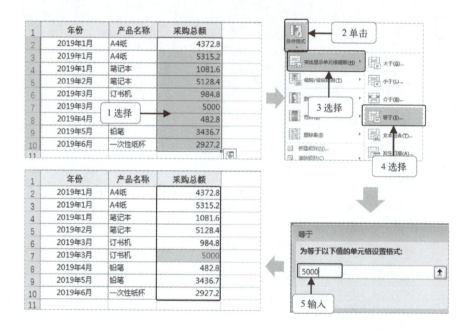

12.1.4 突显高于平均值的数据

E 注解
xplain with notes

- **1 选择**（选择目标单元格区域）
- **2 单击**（单击"开始"选项卡"样式"组"条件格式"下拉按钮）
- **3 选择**（在弹出的下拉选项中选择"最前/最后规则"选项）
- **4 选择**（在弹出的子选项中选择"高于平均值"选项）
- **5 选择**（在弹出的"高于平均值"对话框中单击下拉按钮选择"浅红填充色深红色文本"选项）
- **6 单击**（单击"确定"按钮）

第 12 章　按条件标识数据

12.1.5　突显 2018 年 1 月 1 日后的数据

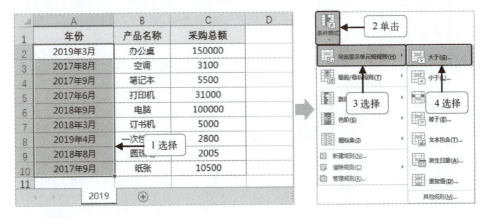

> **注解**
> Explain with notes

- **1 选择**（选择单元格区域）
- **2 单击**（单击"开始"选项卡"样式"组"条件格式"下拉按钮）
- **3 选择**（在下拉选项中选择"突出显示单元格规则"选项）

Excel 达人手册：表格设计的重点、难点与疑点精讲

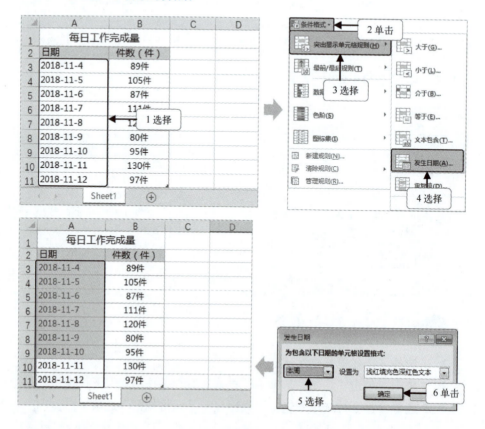

▶ **4 选择**（在子选项中选择"大于"选项打开"大于"对话框）
▶ **5 输入**（在"为大于以下值的单元格设置格式"数值框中输入"2018年1月1日"）
▶ **6 按键**（按〈Enter〉键确认设置）

12.1.6 突显一周内的数据

第 12 章　按条件标识数据

> **E** 注解
> xplain with notes

- **1 选择**（选择单元格区域）
- **2 单击**（单击"开始"选项卡"样式"组"条件格式"下拉按钮）
- **3 选择**（在下拉选项中选择"突出显示单元格规则"选项）
- **4 选择**（在子选项中选择"发生日期"选项）
- **5 选择**（在"发生日期"对话框的第一个下拉按钮中选择"本周"选项，在"设置为"右侧的文本框选择"浅红填充色深红色文本"选项）
- **6 单击**（单击"确定"按钮）

12.2　突显项目数据

适用版本：2016、2013、2010、2007

12.2.1　突显前 10%的数据

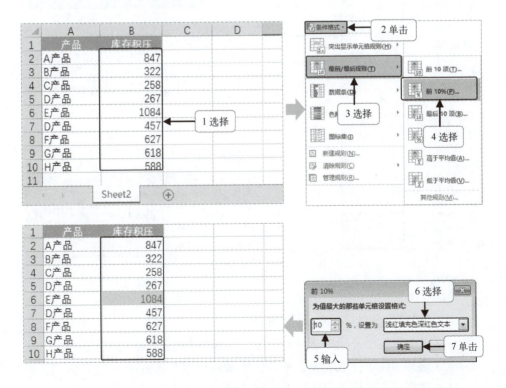

-175-

> 注解
> Explain with notes

- **1 选择**（选择目标单元格区域）
- **2 单击**（单击"开始"选项卡"样式"组"条件格式"下拉按钮）
- **3 选择**（在下拉选项中选择"最前/最后规则"选项）
- **4 选择**（在子选项中选择"前10%"选项）
- **5 输入**（在打开的"前10%"对话框中输入"10"）
- **6 选择**（在"设置为"下拉选项中选择"浅红填充色深红色文本"选项作为突显样式）
- **7 单击**（单击"确定"按钮）

12.2.2 突显前5项的数据

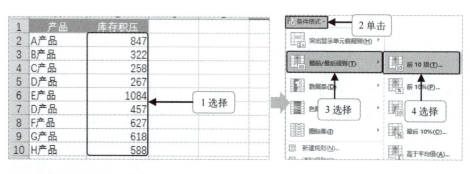

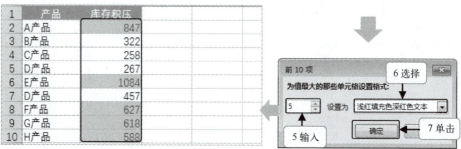

> 注解
> Explain with notes

- **1 选择**（选择目标单元格区域）
- **2 单击**（在"开始"选项卡"样式"组"单击条件格式"下拉按钮）
- **3 选择**（在下拉选项中选择"最前/最后规则"选项）
- **4 选择**（在子选项中选择"前10项"选项）

第 12 章　按条件标识数据

- **5 输入**（在弹出的"前10项"对话框中输入"5"）
- **6 选择**（在"设置为"下拉选项中选择"浅红填充色深红色文本"选项作为突显样式）
- **7 单击**（单击"确定"按钮）

12.3　突显包含指定文本的数据

适用版本：2016、2013、2010、2007

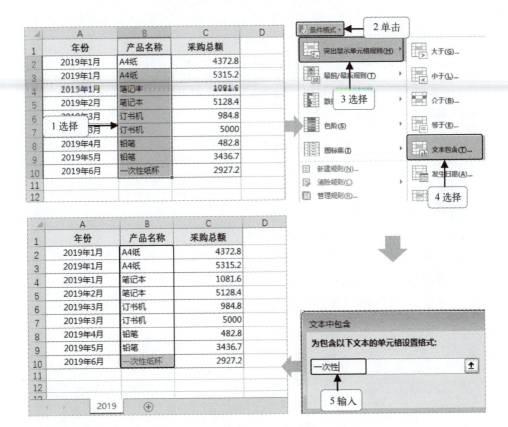

注解
Explain with notes

- **1 选择**（选择目标单元格区域）
- **2 单击**（单击"开始"选项卡"样式"组"条件格式"下拉按钮）
- **3 选择**（在下拉选项中选择"突出显示单元格规则"选项）
- **4 选择**（在子选项中选择"文本包含"选项打开"文本中包含"对话框）

▶ **5 输入**（在"为包含以下文本的单元格设置格式"文本框中输入"一次性"，按〈Enter〉键确认设置）

12.4 数据条展示数据大小

适用版本：2016、2013、2010、2007

12.4.1 单色数据条显示

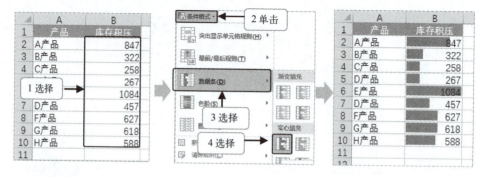

注解
Explain with notes

▶ **1 选择**（选择数字单元格区域）
▶ **2 单击**（在"开始"选项卡"样式"组中单击"条件格式"下拉按钮）
▶ **3 选择**（在下拉选项中选择"数据条"选项）
▶ **4 选择**（在子选项中选择实心填充数据条选项，如"蓝色数据条"选项）

12.4.2 渐变色数据条显示

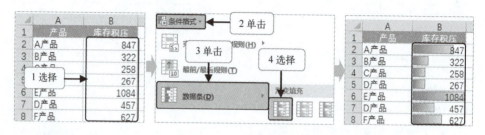

注解
Explain with notes

▶ **1 选择**（选择数字单元格区域）

第 12 章　按条件标识数据

- **2 单击**（单击"开始"选项卡"样式"组"条件格式"下拉按钮）
- **3 选择**（在下拉选项中选择"数据条"选项）
- **4 选择**（在子选项中选择渐变填充数据条选项，如"蓝色数据条"选项）

12.4.3　自定义数据条样式

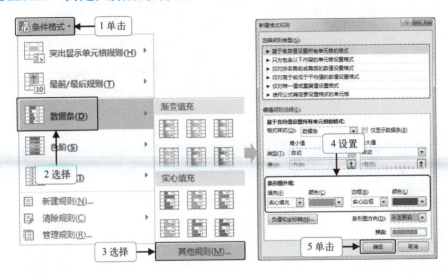

E 注解 xplain with notes

- **1 单击**（单击"开始"选项卡"样式"组"条件格式"下拉按钮）
- **2 选择**（在下拉选项中选择"数据条"选项）
- **3 选择**（在子选项中选择"其他规则"选项，打开"新建格式规则"对话框）
- **4 设置**（在"条形图外观"区域中设置填充颜色和边框样式）
- **5 单击**（单击"确定"按钮）

微课：自定义数据条样式

痛点　数据条不能准确呈现数据状态

在默认状态下衡量数据的状态和走势是以区域单元格平均值为标准的，这种衡量方法并不准确，不能反映实际的情况。这时，只需打开"编辑格式规则"或"新建格式规则"对话框自定义值类型或数字就可以了，如下图所示。

微课：数据条不能准确呈现数据状态

Excel 达人手册：表格设计的重点、难点与疑点精讲

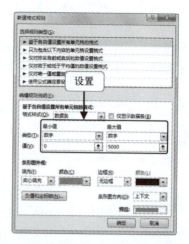

12.5 色阶展示数据热度

适用版本：2016、2013、2010、2007

★ 12.5.1 直接应用默认色阶展示

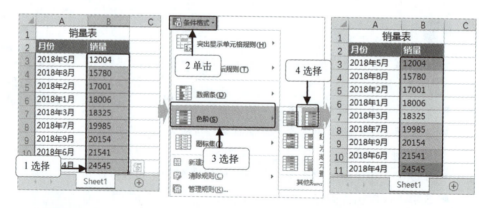

注解
Explain with notes

▶ **1 选择**（选择目标单元格区域）

▶ **2 单击**（单击"开始"选项卡"样式"组"条件格式"下拉按钮）

▶ **3 选择**（在弹出的下拉选项中选择"色阶"选项）

▶ **4 选择**（在弹出的选项中选择"红-黄-绿色阶"选项）

第 12 章　按条件标识数据

12.5.2　自定义色阶展示

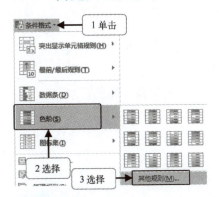
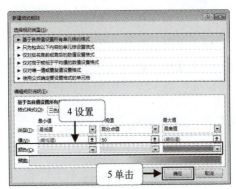

> **注解**
> Explain with notes

- **1 单击**（单击"开始"选项卡"样式"组"条件格式"下拉按钮）
- **2 选择**（在弹出的下拉选项中选择"色阶"选项）
- **3 选择**（在弹出的子选项中选择"其他规则"选项，打开"新建格式规则"对话框）
- **4 设置**（分别设置"最小值""中间值""最大值"的色阶颜色）
- **5 单击**（单击"确定"按钮）

12.6　图标展示数据状态

适用版本：2016、2013、2010、2007

12.6.1　展示数据走势情况

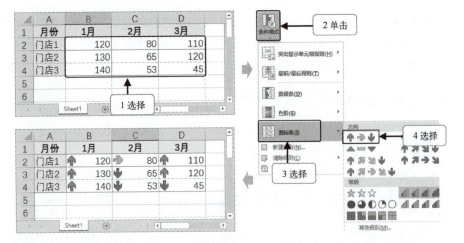

—181—

Excel 达人手册：表格设计的重点、难点与疑点精讲

E 注解
xplain with notes

▶ **1 选择**（选择目标单元格区域）
▶ **2 单击**（单击"开始"选项卡"样式"组"条件格式"下拉按钮）
▶ **3 选择**（在下拉选项中选择"图标集"选项）
▶ **4 选择**（在子选项中选择图标集，如"三向箭头（彩色）"）

12.6.2 展示数据等级

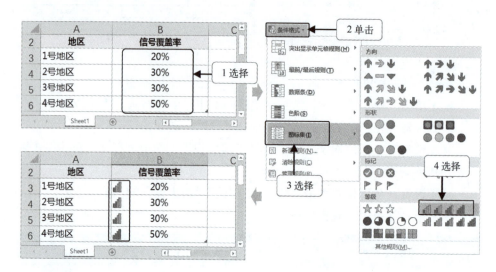

E 注解
xplain with notes

▶ **1 选择**（选择目标单元格区域）
▶ **2 单击**（单击"开始"选项卡"样式"组"条件格式"下拉按钮）
▶ **3 选择**（在弹出的下拉选项中选择"图标集"选项）
▶ **4 选择**（在弹出的子选项中选择"等级"图标集，如"四等级"选项）

12.6.3 更改图标集中的任一图标

E 注解
xplain with notes

▶ **1 单击**（单击"开始"选项卡"样式"组"条件格式"下拉按钮）
▶ **2 选择**（在下拉选项中选择"图标集"选项）

第 12 章　按条件标识数据

- ▶ **3 选择**（在子选项中选择"其他规则"选项，打开"新建格式规则"对话框）
- ▶ **4 单击**（在"新建格式规则"对话框中，单击要更改的图标下拉按钮）
- ▶ **5 选择**（选择更换为的图标选项，如"红色十字形符号"）
- ▶ **6 单击**（单击"确定"按钮）

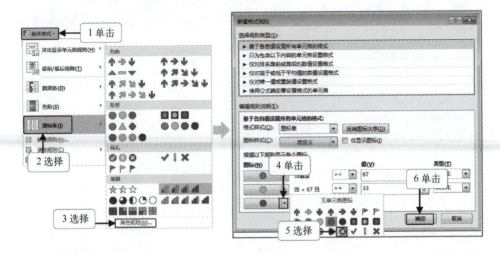

补充　对表格中已添加的图标进行更改或是取消

12.6.3 小节在新建图标规则时已将其中指定图标进行了更改（若要取消可直接在选择更换为图标的操作中不选择任何图标，直接选择"无单元格图标"选项）。若要更改或是取消已添加到表格中的图标，只需在"编辑格式规则"对话框中进行图标的更改操作，如下图所示。

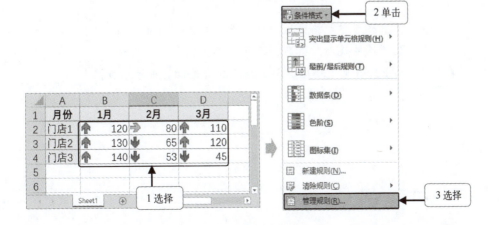

Excel 达人手册：表格设计的重点、难点与疑点精讲

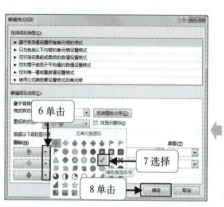
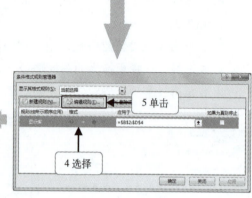

高手竞技场　　展示分析门店销售情况

素材文件	云盘\高手竞技场\素材\第12章\门店销售数据分析.xlsx
结果文件	云盘\高手竞技场\结果\第12章\门店销售数据分析.xlsx

▽ 添加条件规则后

	A	B	C	D	E	F	G
1	门店	1月	2月	3月	4月	总计	
2	一门店	619669	845434	397995	763907	2627005	
3	二门店	535372	469768	803728	258141	2066969	
4	三门店	1114516	321599	931095	734028	3101238	
5	四门店	852696	797853	906321	1062830	3619700	
6							

【关键操作点】——标识数据现状

第 1 步：为 B2:E5 单元格区域添加"五色箭头"图标。

第 2 步：编辑条件规则，将 B2:E5 单元格区域中的 ➡ 更改为 ━。

第 3 步：为 F2:F5 单元格区域添加渐变数据条，直观展示数据大小。

第 13 章

图表

本章导读

图表是 Excel 特别实用的功能，它能将数据转换为直观图形，把数据的变化规律、深层问题或潜在特质等直观地展示出来，为决策者提供可靠的数据支撑。

因此，想成为一名合格的"表哥"或"表姐"就必须掌握图表的操作技能。本章中将向读者讲解有关图表的操作技巧。

知识要点

- 创建图表
- 编辑图表标题
- 移动图表位置
- 更改图表数据源
- 调整图表布局
- 为坐标轴添加标题
- 处理图表断点
- 选择图表
- 调整图表大小
- 更改图表类型
- 应用图表样式
- 纵坐标轴刻度调整
- 设置图表网格线
- 图表转换为图片

13.1 创建图表

适用版本：2016、2013、2010、2007

*13.1.1 使用推荐功能创建图表

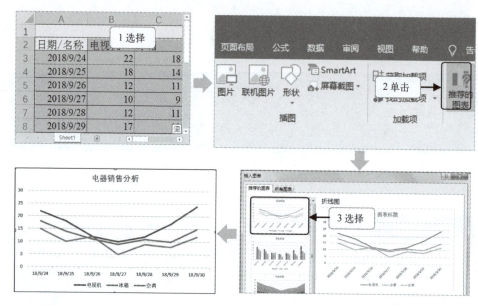

E 注解
xplain with notes

- **1 选择**（选择数据单元格区域）
- **2 单击**（单击"插入"选项卡"推荐的图表"按钮，打开"插入图表"对话框）
- **3 选择**（选择相应的图表）

*13.1.2 使用分析工具库创建图表

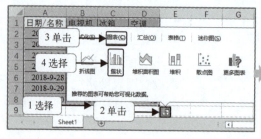 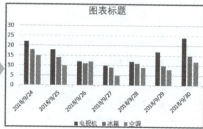

第 13 章　图表

> **注解** Explain with notes

- **1 选择**（选择数据单元格区域）
- **2 单击**（单击所选区域右下角"分析工具库"按钮）
- **3 单击**（单击"图表"选项卡）
- **4 选择**（选择"簇状"选项）

★13.1.3　手动创建图表

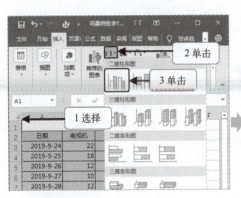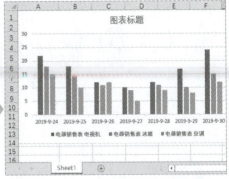

> **注解** Explain with notes

- **1 选择**（选择数据单元格区域）
- **2 单击**（单击"插入"选项卡"图表"组"插入柱状图或条形图"下拉按钮）
- **3 单击**（在下拉选项中选择"二维柱状图"组中的"簇状柱形图"选项）

> **补充　删除图表**

当创建图表进行分析与统计数据之后，需要删除图表，这时只需要选中整个图表，按〈Delete〉键即可删除。

> **痛点　如何创建出正确类型的图表**

要想创建出正确类型的图表，首先要充分了解数据，明白即将创建出的图表需要突出的特点和需要呈现给观众的具体数据信息有哪些。

13.2 选 择 图 表

适用版本：2016、2013、2010、2007

13.2.1 选择整个图表

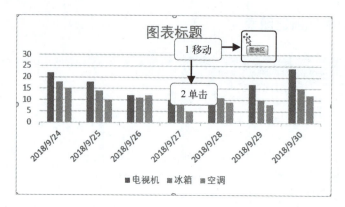

注解 Explain with notes

▶ **1 移动**（将光标移动到图表区）

▶ **2 单击**（单击鼠标左键）

13.2.2 选择图表中的元素

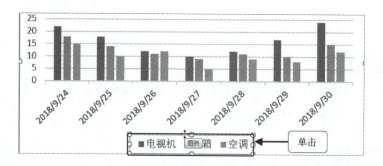

注解 Explain with notes

▶ **单击**（在图表上单击要选择的图表元素）

第 13 章 图表

痛点　怎样选择不易选上的数据系列值

在数据系列值较多，特别是数据系列值相差很大的情况下，一些数据系列值因为太小而造成不容易被选择上，这时，我们可先选择图表，然后在"图表工具 格式"选项卡中单击"图表元素"下拉按钮，在弹出的下拉选项中选择对应的数据系列值，如下图所示。

微课：怎样选择不易选上的数据系列值

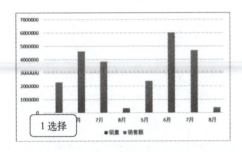
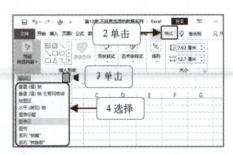

13.3　编辑图表标题

适用版本：2016、2013、2010、2007

★ 13.3.1　更改图表标题内容

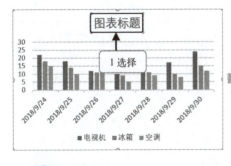
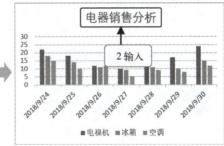

E 注解
 xplain with notes

▶ **1 选择**（选择"图表标题"文本框）

▶ **2 输入**（输入新的图表标题，单击表格中的任意位置退出图表标题编辑状态确认标题）

13.3.2 更改图表标题位置

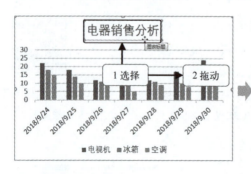 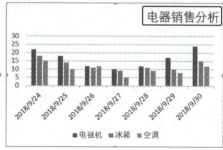

注解 Explain with notes

▶ **1 选择**（选择"电器销售分析"图表标题文本框）

▶ **2 拖动**（将光标移到图表标题文本框边沿，当光标变成✥时，拖动鼠标移动图表标题位置）

13.3.3 调整图表标题字体间距

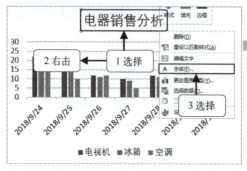 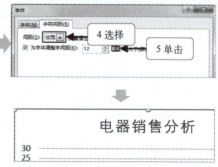

注解 Explain with notes

▶ **1 选择**（选择图表标题）

▶ **2 右击**（在图表标题上单击鼠标右键）

▶ **3 选择**（在弹出的快捷菜单中选择"字体"命令，打开"字体"对话框）

▶ **4 选择**（选择"字符间距"选项卡，在"间距"右侧下拉选项中选择"加宽"选项。）

▶ **5 单击**（单击"为字体调整字间距"选项微调按钮加大字符间距）

*13.3.4 制作动态图表标题

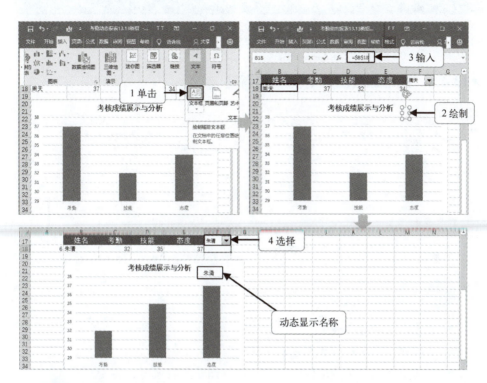

> **注解** Explain with notes

▶ **1 单击**（单击"插入"选项卡"文本"组中的"文本框"按钮）
▶ **2 绘制**（在图表合适位置绘制文本框）
▶ **3 输入**（在编辑栏输入动态引用数值公式"=$B$18"）
▶ **4 选择**（选择切换 B18 单元格中的姓名，动态文本框获取 B18 单元格中的当前名称）

痛点　图表标题如何命名才专业

　　图表一般是为了统计和分析表格数据，所以制作图表一定要结合表格中的数据和表格数据想要突出的重点方向（例如是统计销量还是分析结果）。在图表的标题命名上，力求简洁明了，概括力强，使人从图表标题便可了解到图表的大概内容。

13.4 调整图表大小

适用版本：2016、2013、2010、2007

★13.4.1 拖动调整图表的宽度和高度

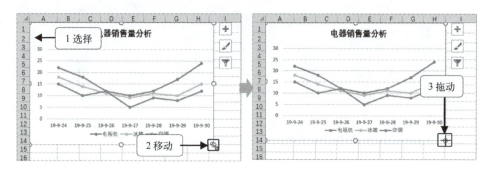

注解
Explain with notes

▶ **1 选择**（选择图表）
▶ **2 移动**（将光标移到图表右下角）
▶ **3 拖动**（当光标变成↘时，拖动鼠标调整图表宽度、高度）

13.4.2 指定图表的宽度和高度

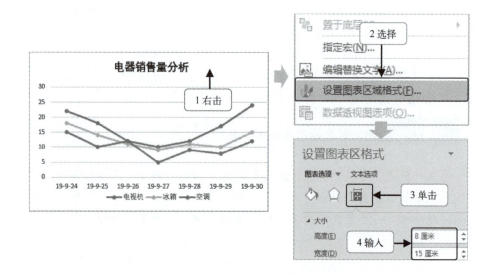

第 13 章　图表

E 注解
xplain with notes

▶ **1 右击**（在图表空白位置单击鼠标右键）
▶ **2 选择**（在弹出的快捷菜单中选择"设置图表区域格式"命令，打开"设置图表区格式"窗格）
▶ **3 单击**（单击"大小与属性"选项卡）
▶ **4 输入**（在"高度""宽度"文本框内输入相应的数据）

补充　通过窗格调整图表的高度和宽度

选择图表，在"图表工具 格式"选项卡"大小"组的"高度""宽度"数值框中输入数值更改，如下图所示。

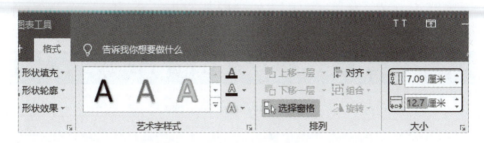

▶▶▶ **2010 和 2007 版中通过对话框调整图表大小操作**

∨ 2010 版本中

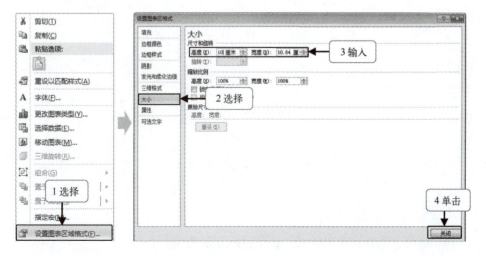

Excel 达人手册：表格设计的重点、难点与疑点精讲

❖ 2007 版本中

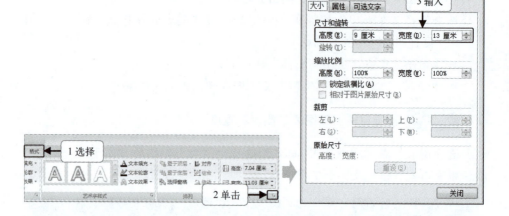

13.5　移动图表位置

适用版本：2016、2013、2010、2007

13.5.1　拖动鼠标移动图表位置

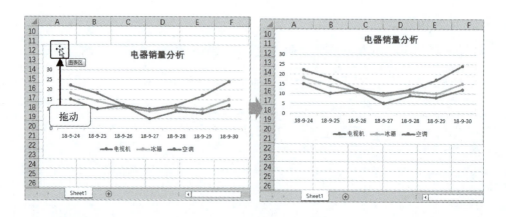

E 注解
Explain with notes

▶ 拖动（选择在图表区域，按住鼠标左键拖动图表）

第 13 章　图表

13.5.2　将图表移到其他表中

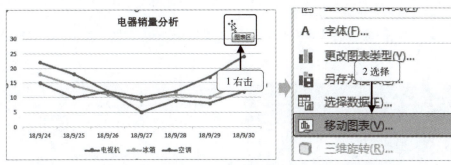

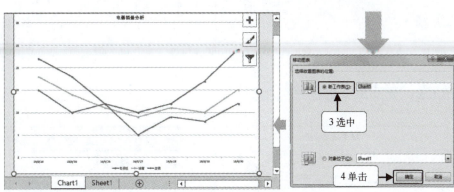

> **E** 注解
> xplain with notes

- **1 右击**（在图表上的图表区单击鼠标右键）
- **2 选择**（在弹出的快捷菜单中选择"移动图表"命令，打开"移动图表"对话框）
- **3 选中**（选中"新工作表"单选按钮）
- **4 单击**（单击"确定"按钮）

13.6　更改图表类型

适用版本：2016、2013、2010、2007

13.6.1　更改整个图表类型

> **E** 注解
> xplain with notes

- **1 单击**（选择图表，单击"设计"选项卡"更改图表类型"按钮，打开

"更改图表类型"对话框）
- **2 单击**（单击"所有图表"选项卡）
- **3 选择**（选择"折线图"选项）
- **4 选择**（选择图表类型选项，如"带数据标记的折线图"选项，按〈Enter〉键确认）

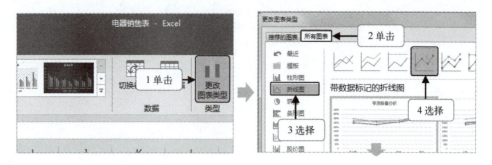

13.6.2 更改单个数据系列类型

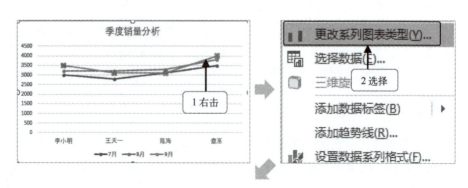

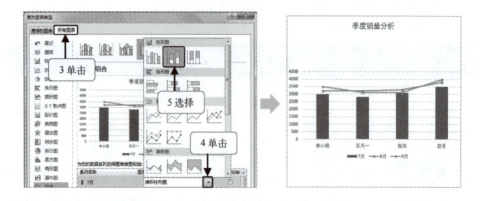

第 13 章 图表

> **E** 注解
> xplain with notes

▶ **1 右击**（在单个数据系列上单击鼠标右键）

▶ **2 选择**（在弹出的快捷菜单中选择"更改系列图表类型"命令，打开"更改图表类型"对话框）

▶ **3 单击**（单击"所有图表"选项卡）

▶ **4 单击**（单击"7月"旁边的文本框内的下拉按钮）

▶ **5 选择**（选择"堆积柱形图"选项，按〈Enter〉键确认设置）

> **补充** 将图表移动到其他表中按原大小显示

将图表移动到其他表中时，可以使用"复制粘贴"功能显示图表原有大小，即按〈Ctrl+C〉组合键复制，在新的工作表中按〈Ctrl+V〉组合键粘贴。

13.7 更改图表数据源

适用版本：2016、2013、2010、2007

★13.7.1 更改整个图表数据源

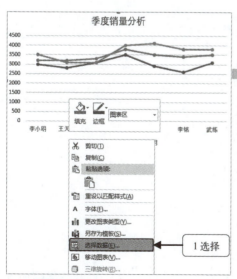
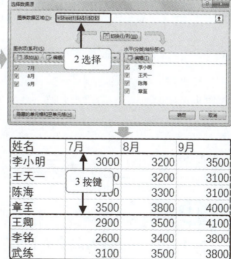

> **E** 注解
> xplain with notes

▶ **1 选择**（在图表上单击鼠标右键，在弹出的快捷菜单中选择"选择数据"

Excel 达人手册：表格设计的重点、难点与疑点精讲

命令，打开"选择数据源"对话框）
▶ **2 选择**（选择"图表数据区域"文本框中的源数据参数）
▶ **3 按键**（在表格中选择数据区域作为新的数据源，然后按〈Enter〉键确认）

★ **13.7.2 更改横坐标轴数据源**

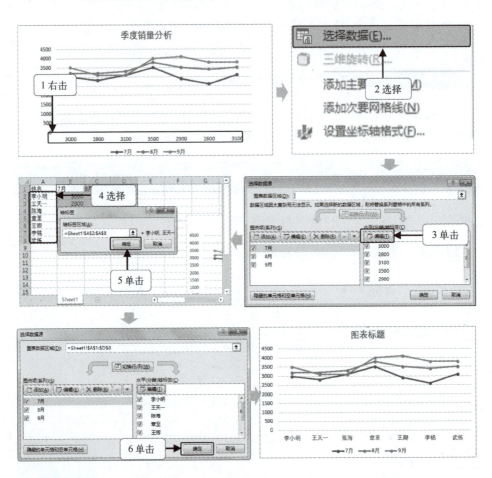

E 注解
xplain with notes

▶ **1 右击**（在横坐标轴上单击鼠标右键）
▶ **2 选择**（在弹出的快捷菜单中选择"选择数据"命令，打开"选择数据源"对话框）
▶ **3 单击**（单击"编辑"按钮）

第 13 章 图表

▶ **4 选择**（选择 A1:A8 单元格区域）
▶ **5 单击**（单击"确定"按钮，返回到"选择数据源"对话框中）
▶ **6 单击**（单击"确定"按钮）

13.7.3 快速添加部分数据源

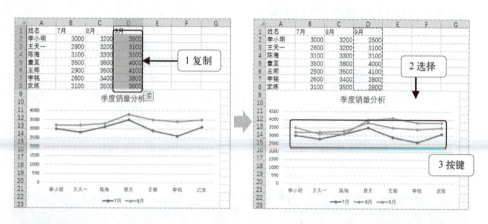

E xplain with notes 注解

▶ **1 复制**（复制要添加到图表中的数据区域）
▶ **2 选择**（选择图表）
▶ **3 按键**（按〈Ctrl+V〉组合键将数据粘贴到图表中绘制新数据系列）

13.7.4 快速减少部分数据源

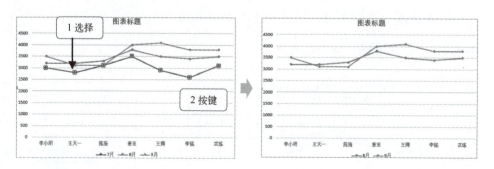

E xplain with notes 注解

▶ **1 选择**（选择要删除的数据系列）
▶ **2 按键**（按〈Delete〉键删除）

13.8　应用图表样式

适用版本：2016、2013、2010、2007

★13.8.1　在列表框中选择应用

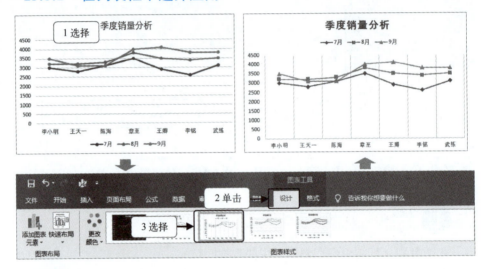

注解 Explain with notes

- ▶ **1 选择**（选择图表）
- ▶ **2 单击**（单击"图表工具→设计"选项卡）
- ▶ **3 选择**（在"图表样式"列表框中选择需要"样式 11"选项）

★13.8.2　在面板中选择应用

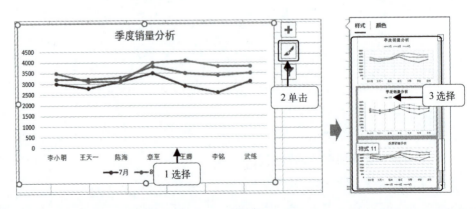

第13章 图表

注解
E xplain with notes

- **1 选择**（选择图表）
- **2 单击**（单击激活的"图表样式"按钮）
- **3 选择**（在弹出的面板中选择图表样式选项）

13.9 调整图表布局

适用版本：2016、2013、2010、2007

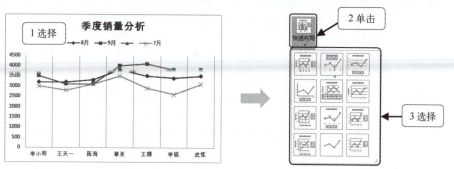

注解
E xplain with notes

- **1 选择**（选择图表）
- **2 单击**（单击"图表工具 设计"选项卡中的"快速布局"下拉按钮）
- **3 选择**（选择"布局9"选项）

13.10 纵坐标轴刻度调整

适用版本：2016、2013、2010、2007

★13.10.1 调整坐标轴最大值、最小值、单位刻度

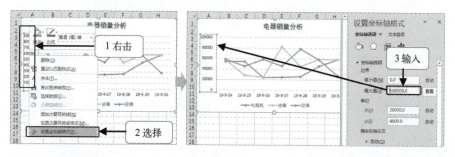

E 注解
Explain with notes

- **1 右击**（右击"垂直（值）轴"）
- **2 选择**（选择"设置坐标轴格式"命令，弹出"设置坐标轴格式"窗格）
- **3 输入**（在"设置坐标轴格式"窗格的"边界"选项卡"最大值"数值框中输入"100000"）

补充　调整坐标轴单位刻度

在"设置坐标轴格式"窗格中，在"单位"选项卡"大"或"小"数值框中输入单位数值大小，调整坐标轴单位刻度，如下图所示。

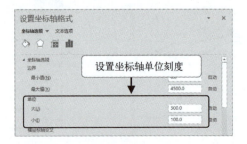

▶▶ 2010和2007版中设置纵坐标轴刻度

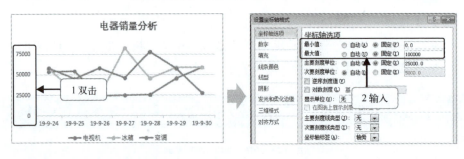

13.10.2 为坐标轴添加单位"千"

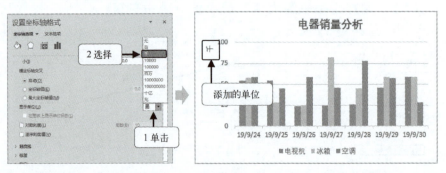

第 13 章 图表

E 注解
xplain with notes

▶ **1 单击**（打开"设置坐标轴格式"窗格，单击"显示单位"下拉按钮）
▶ **2 选择**（在下拉选项中选择"千"选项）

≫ 2010 和 2007 版中为纵坐标轴添加单位

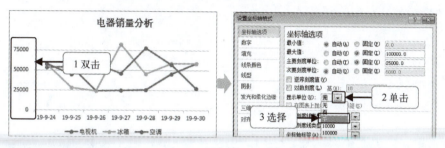

13.10.3 逆序刻度值

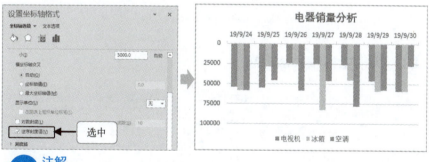

E 注解
xplain with notes

▶ **选中**（在打开的设置"坐标轴格式"窗格中选中"逆序刻度值"复选框，逆序显示纵坐标轴——坐标轴的显示方向向下）

≫ 2010 和 2007 版中设置逆序坐标轴操作。

—203—

| 补充 | 设置刻度线位置 |

如需调整刻度线位置，可在"设置坐标轴格式"窗格中单击"刻度线"选项卡的"主刻度线类型"或"次刻度线类型"下拉按钮，在下拉选项中选择刻度线位置选项，如下图所示。

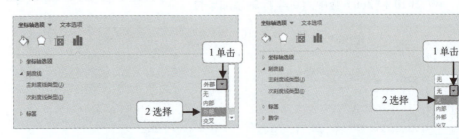

13.11 为坐标轴添加标题

适用版本：2016、2013、2010、2007

13.11.1 为横坐标轴添加标题

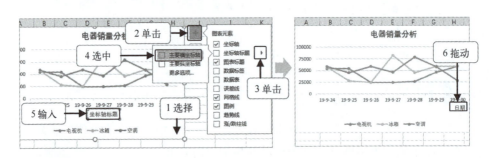

E 注解
xplain with notes

▶ **1 选择**（选择图表）

▶ **2 单击**（单击"图表元素"悬浮按钮打开"图表元素"面板）

▶ **3 单击**（单击"坐标轴标题"展开按钮）

▶ **4 选中**（选中"主要横坐标轴"复选框）

▶ **5 输入**（在"坐标轴标题"文本框中输入标题，如"日期"）

▶ **6 拖动**（拖动标题到指定位置）

第 13 章　图表

▶▶ 2010 和 2007 版本中为横坐标轴添加标题操作

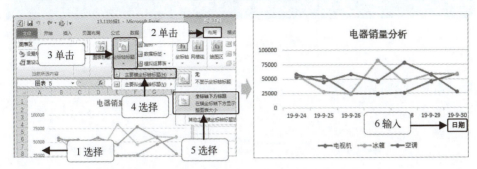

13.11.2　为纵坐标轴添加标题

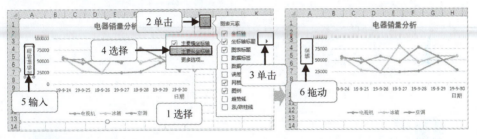

注解
xplain with notes

- **1 选择**（选择图表）
- **2 单击**（单击"图表元素"悬浮按钮打开"图表元素"面板）
- **3 单击**（单击"坐标轴标题"展开按钮）
- **4 选择**（选中"主要纵坐标轴"复选框）
- **5 输入**（在添加的"坐标轴标题"文本框中输入标题，如"销量"）
- **6 拖动**（拖动标题到合适位置）

▶▶ 2010 和 2007 版本中为纵坐标轴添加标题操作

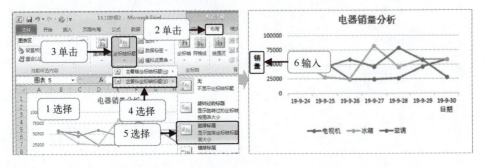

Excel 达人手册：表格设计的重点、难点与疑点精讲

13.12 设置图表网格线

适用版本：2016、2013、2010、2007

13.12.1 隐藏网格线

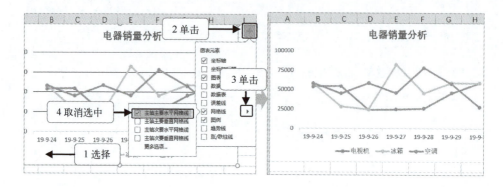

注解
Explain with notes

▶ **1 选择**（选择图表）

▶ **2 单击**（单击"图表元素"悬浮按钮打开"图表元素"面板）

▶ **3 单击**（单击"网格线"展开按钮）

▶ **4 取消选中**（将"主轴主要水平网格线"复选框取消选中）

>>> 2010 和 2007 版本中隐藏网格线操作

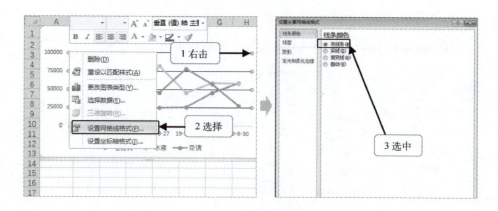

-206-

13.12.2 设置网格线粗细

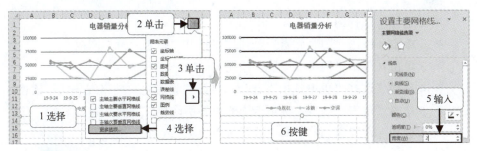

E 注解
xplain with notes

- **1 选择**（选择图表）
- **2 单击**（单击"图表元素"悬浮按钮打开"图表元素"面板）
- **3 单击**（单击"网格线"展开按钮）
- **4 选择**（选择"更多选项"选项，打开"设置主要网格线格式"）窗格
- **5 输入**（在"线条"选项卡"宽度"数值框中输入"2"）
- **6 按键**（按〈Enter〉键确认设置）

>> 2010 和 2007 版本设置网格线粗细操作

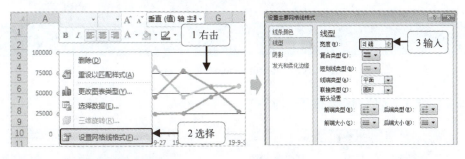

13.12.3 设置网格线颜色

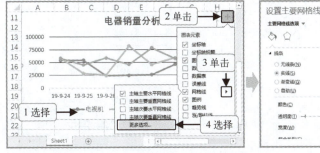

-207-

Excel达人手册：表格设计的重点、难点与疑点精讲

E 注解
xplain with notes

▶ **1 选择**（选择图表）
▶ **2 单击**（单击"图表元素"悬浮按钮打开"图表元素"面板）
▶ **3 单击**（单击"网格线"展开按钮）
▶ **4 选择**（选择"更多选项"选项，打开"设置主要网格线格式"窗格）
▶ **5 单击**（单击"线条"选项卡中的"轮廓颜色"下拉按钮）
▶ **6 选择**（在弹出的拾色器中选择颜色选项）

>> 2010 和 2007 版本中设置网格线条颜色操作

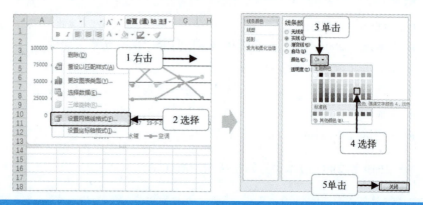

13.13　处理图表断点

适用版本：2016、2013、2010、2007

★ 13.13.1　以零值处理图表断点

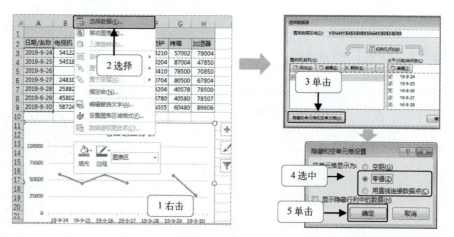

-208-

第 13 章　图表

E 注解
xplain with notes

- **1 右击**（在图表空表区域单击鼠标右键）
- **2 选择**（在弹出的快捷菜单中选择"选择数据"命令，打开"选择数据源"对话框）
- **3 单击**（单击"隐藏的单元格和空单元格"按钮，打开"隐藏和空单元格设置"对话框）
- **4 选中**（选中"零值"单选按钮或"用直线连接数据点"单选按钮）
- **5 单击**（单击"确定"按钮）

★13.13.2　隐藏断点日期数据

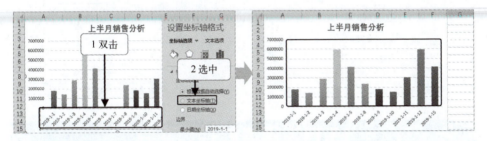

E 注解
xplain with notes

- **1 双击**（双击"水平（类别）轴"，打开"设置坐标轴格式"窗格）
- **2 选中**（选中"文本坐标轴"单选按钮）

>>> **2010 和 2007 版中隐藏断点日期数据**

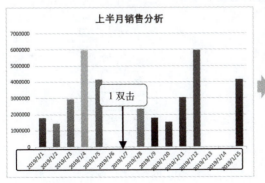
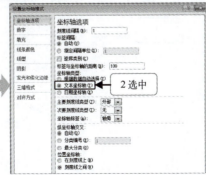

13.13.3 绘制线条连接断点

注解 Explain with notes

- **1 单击**（单击"插入"选项卡）
- **2 单击**（单击"形状"下拉按钮）
- **3 选择**（在下拉列表中选择"直线"选项）
- **4 绘制**（在图表中绘制直线连接折线断裂）

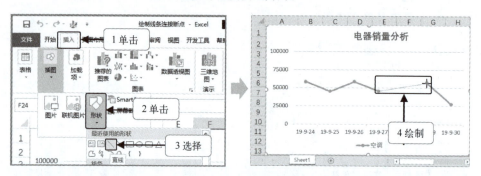

13.14 图表转换为图片

适用版本：2016、2013、2010、2007

13.14.1 复制为图片

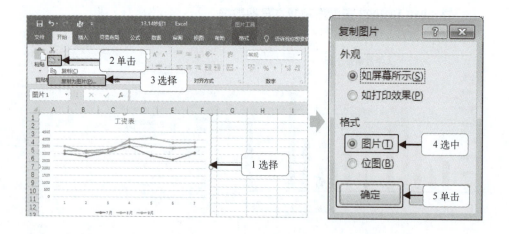

第 13 章　图表

E 注解
xplain with notes

- **1 选择**（选择图表）
- **2 单击**（单击"开始"选项卡"剪贴板"组中的"复制"下拉按钮）
- **3 选择**（选择"复制为图片"选项，打开"复制图片"对话框）
- **4 选中**（选中"图片"单选按钮）
- **5 单击**（单击"确定"按钮）

>>> **2007 版本中将图表粘贴为图片**

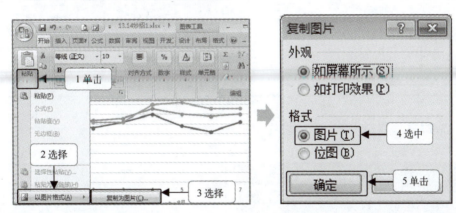

13.14.2　粘贴为图片

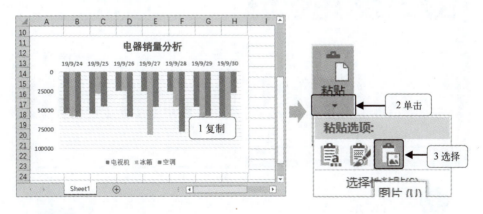

E 注解
xplain with notes

- **1 复制**（选择图表，按〈Ctrl+C〉组合键复制）
- **2 单击**（选择放置图片的起始位置单击"开始"选项卡"剪贴板"组

"粘贴"下拉按钮）

▶ **3 选择**（选择"图片"选项）

》》**2007 版中将图表粘贴为图片的操作**

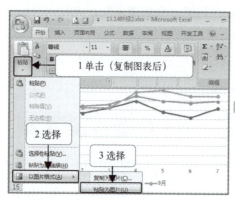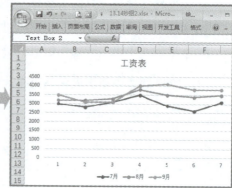

*13.14.3　用软件截取为图片

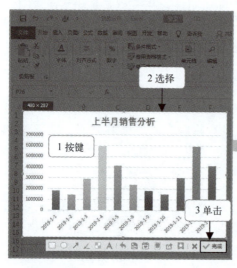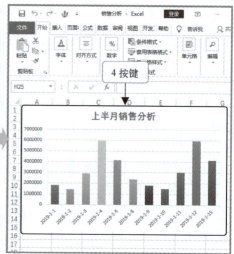

E 注解
xplain with notes

▶ **1 按键**（登录 QQ，按〈Ctrl+Alt+A〉组合键进入截图模式）

▶ **2 选择**（选择截图区域）

▶ **3 单击**（单击"完成"按钮）

第 13 章　图表

▶ **4 按键**（选择放置图片的起始位置按〈Ctrl+V〉组合键粘贴截取的图片）

高手竞技场　　展示分析产量走势

素材文件	云盘\高手竞技场\素材\第13章\产量表.xlsx
结果文件	云盘\高手竞技场\结果\第13章\产量表.xlsx

▽ 添加图表分析产量数据前

▽ 添加图表分析产量数据后

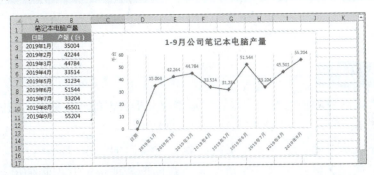

【关键操作点】——图表数据设置

第 1 步：手动创建带标记折线图表。

第 2 步：更改图表标题内容。

第 3 步：更改图表标题位置。

第 4 步：拖动鼠标移动图表位置。

第 5 步：调整坐标轴最大值、最小值、单位刻度。

第 6 步：为坐标轴添加单位：千。

第 7 步：为坐标轴添加标题。

第 8 步：添加数据标签。

第 9 步：设置网格线粗细。

第 14 章

数据透视表和数据透视图

本章导读

数据透视图表也被称为报表，是透视分析数据的一大利器。它能帮助用户从不同的角度分析数据，真正做到把数据"看穿"。

在本章中笔者根据多年实践经验，把实用的、常用的、好用的、耐用的透视图表操作方法分享给读者，帮助读者能快速掌握和使用数据透视图表。

知识要点

- 创建透视表
- 显示报表筛选页
- 加权平均算法
- 筛选透视图
- 添加筛选字段页
- 更改值汇总依据
- 创建透视图
- 切片器

第 14 章 数据透视表和数据透视图

14.1 创建透视表

适用版本：2016、2013、2010、2007

☆14.1.1 使用推荐模式自动创建

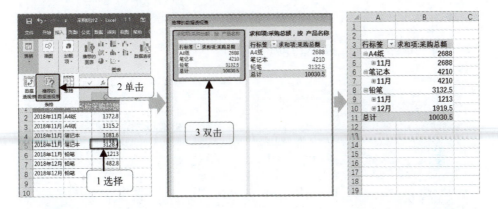

注解
Explain with notes

- **1 选择**（选择任一数据单元格）
- **2 单击**（单击"插入"选项卡"表格"组中的"推荐的数据透视表"按钮）
- **3 双击**（在打开的"推荐的数据透视表"对话框中双击透视表样式创建透视表）

☆14.1.2 手动创建数据透视表

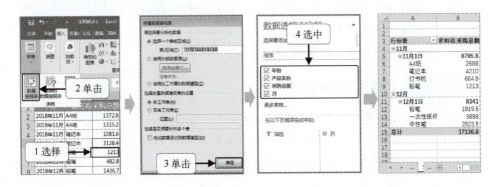

Excel 达人手册：表格设计的重点、难点与疑点精讲

E 注解
xplain with notes

▸ **1 选择**（选择任一数据单元格）
▸ **2 单击**（在"插入"选项卡"表格"组中单击"数据透视表"按钮）
▸ **3 单击**（在打开的"创建数据透视表"对话框中单击"确定"按钮）
▸ **4 选中**（选中要添加到报表中的数据字段复选框）

*14.1.3 使用分析工具库自动创建

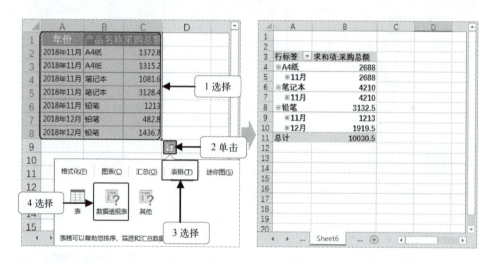

E 注解
xplain with notes

▸ **1 选择**（选择表格单元格区域）
▸ **2 单击**（单击所选区域右下角的"快速分析"按钮）
▸ **3 选择**（选择"表格"选项卡）
▸ **4 选择**（选择"数据透视表"选项）

补充　创建透视表的应用限制

通过"推荐的透视表"功能和"快速分析"功能创建透视表，只限于2013和2016版本中。2003、2007以及2010版本暂没有这两项功能（推荐的图表功能和通过图表分析工具库创建图表的功能同样如此）。

第 14 章　数据透视表和数据透视图

■ 14.1.4　创建共享缓存数据透视表

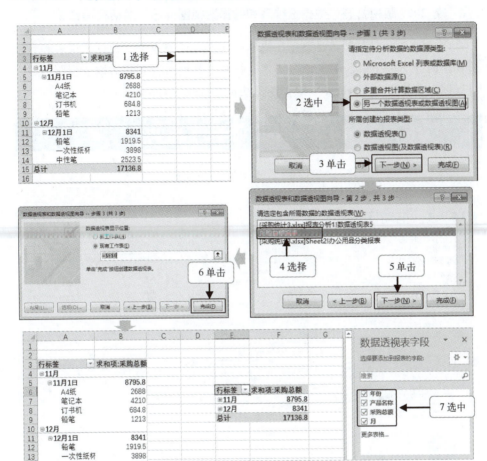

E 注解
Explain with notes

▶ **1 选择**（选择单元格区域，按〈Alt+D+P〉组合键，打开"数据透视表和数据透视图向导"对话框）

▶ **2 选中**（选中"另一个数据透视表或数据透视图"单选按钮）

▶ **3 单击**（单击"下一步"按钮）

▶ **4 选择**（选择已有的透视表选项）

▶ **5 单击**（单击"下一步"按钮）

▶ **6 单击**（单击"完成"按钮）

微课：创建共享缓存数据透视表

Excel 达人手册：表格设计的重点、难点与疑点精讲

▶ **7 选中**（选中要添加到报表的字段复选框）

》》2007 版中打开"数据透视表和数据透视图向导"对话框操作

在 2007 版本中，需要事先在快速访问工具栏中添加"数据透视表和数据透视图向导"按钮后，单击该按钮才能打开"数据透视表和数据透视图向导"对话框，直接按〈Alt+D+P〉组合键无法正常打开该对话框。

14.2 添加筛选字段页

适用版本：2016、2013、2010、2007

★14.2.1 拖动字段到筛选区域中

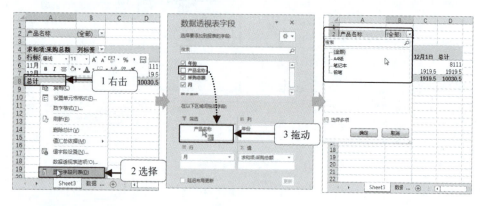

E 注解
xplain with notes

▶ **1 右击**（在任一数据单元格上单击鼠标右键）

▶ **2 选择**（在弹出的快捷菜单中选择"显示字段列表"命令，打开"数据透视表字段"窗格）

▶ **3 拖动**（将指定数据字段拖动到"筛选"框，如"产品名称"）

14.2.2 转换为筛选页字段

E 注解
xplain with notes

▶ **1 单击**（打开"数据透视表字段"窗格，单击数据字段右侧下拉按钮，如"产品名称"数据字段右侧下拉按钮）

第 14 章 数据透视表和数据透视图

▶ **2 选择**（在下拉选项中选择"移动到报表筛选"选项，将其转换为筛选页字段）

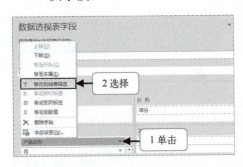
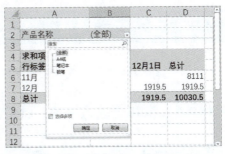

14.3 显示报表筛选页

适用版本：2016、2013、2010、2007

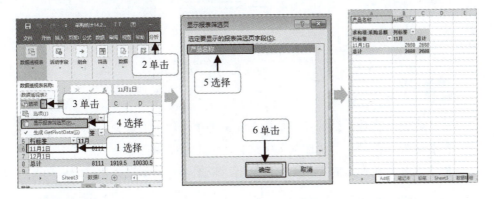

E 注解
Explain with notes

▶ **1 选择**（选择任一有数据的单元格）

▶ **2 单击**（单击"数据透视表工具→分析"选项卡）

▶ **3 单击**（在"数据透视表"组中单击"选项"按钮右侧的下拉按钮）

▶ **4 选择**（选择"显示报表筛选页"选项，打开"显示报表选项"对话框）

▶ **5 选择**（选择报表筛选页选项，如"产品名称"）

▶ **6 单击**（单击"确定"按钮，将各个筛选页数据放置到不同的表中）

≫ **2010 和 2007 版本中显示报表筛选页**

在 2007 和 2010 版本中的操作与 2016 版基本相同，只是数据选项卡的名称稍有变化，数据"透视表工具→分析"选项卡变成了"数据透视表工具→选项"选项卡。

14.4 更改值汇总依据

适用版本：2016、2013、2010、2007

★14.4.1 求和更改为平均、计数或最大、最小值

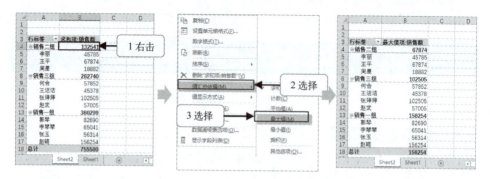

注解
Explain with notes

- **1 右击**（在数值列的任一数据单元格上单击鼠标右键）
- **2 选择**（在弹出的快捷菜单中选择"值汇总依据"命令）
- **3 选择**（在弹出的子菜单中选择汇总依据类型，如选择"最大值"）

14.4.2 求和更改为标准偏差、方差

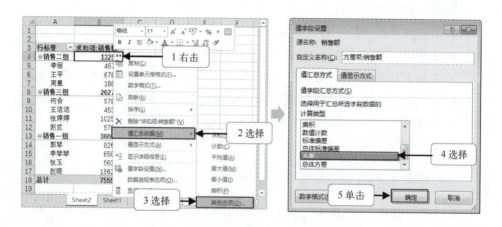

第 14 章 数据透视表和数据透视图

> **E 注解**
> **xplain with notes**

- ▶ **1 右击**（在数值列中的任一数据单元格上单击鼠标右键）
- ▶ **2 选择**（在弹出的快捷菜单中选择"值汇总依据"命令）
- ▶ **3 选择**（在子菜单中选择"其他选项"命令，打开"值字段设置"对话框）
- ▶ **4 选择**（选择"方差"或"标准偏差"选项，如选择"方差"选项）
- ▶ **5 单击**（单击"确定"按钮）

14.5 更改值显示方式

适用版本：2016、2013、2010、2007

★ 14.5.1 更改为总计的百分比

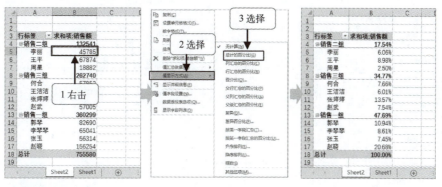

> **E 注解**
> **xplain with notes**

- ▶ **1 右击**（在数值列中的任一数据单元格上单击鼠标右键）
- ▶ **2 选择**（在弹出的快捷菜单中选择"值显示方式"命令）
- ▶ **3 选择**（在弹出的子菜单中选择"总计的百分比"命令）

》》 **2007 版本中将汇总依据求和更改为总计的百分比**

在数值列中的任一数据单元格上单击鼠标右键，在弹出快捷菜单中选择"数据汇总依据"命令，在弹出的子菜单中选择"其他选项"命令，打开"值字段设置"对话框，单击"值显示方式"选项卡，选择"占总和的百分比"选项，单击"确定"按钮，如下图所示。

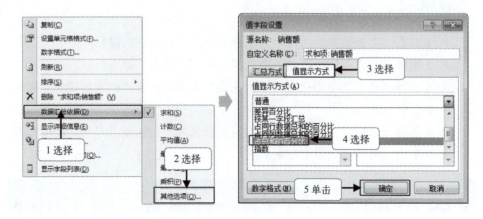

14.5.2 更改为父级的百分比

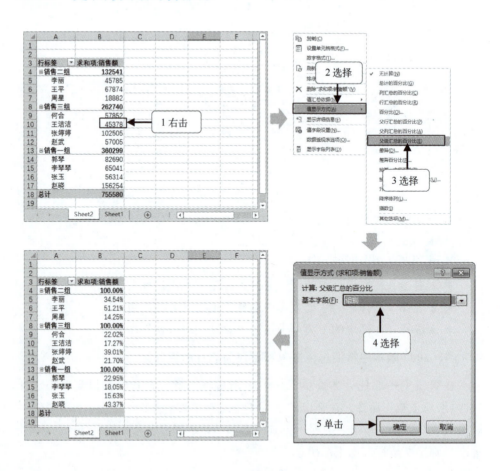

第14章 数据透视表和数据透视图

> **E** 注解
> xplain with notes

- **1 右击**（在数值列中的任一数据单元格上单击鼠标右键）
- **2 选择**（在弹出的菜单中选择"值显示方式"命令）
- **3 选择**（在子菜单中选择"父级汇总的百分比"命令，打开"值显示方式"对话框）
- **4 选择**（在"基本字段"下拉选项中选择"组别"选项）
- **5 单击**（单击"确定"按钮）

★ 14.5.3 更改为行的百分比

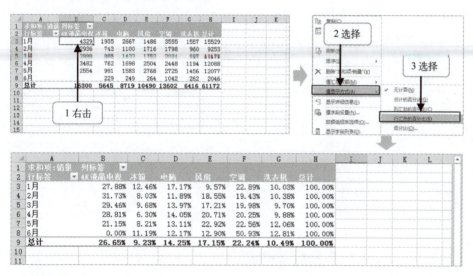

> **E** 注解
> xplain with notes

- **1 右击**（在数值列中的任一数据单元格上单击鼠标右键）
- **2 选择**（在弹出的快捷菜单中选择"值显示方式"命令）
- **3 选择**（在弹出的子菜单中选择"行汇总的百分比"命令）

>>> **2007 版本中更改为行百分比操作**

在数值列中的任一数据单元格上单击鼠标右键，在弹出快捷菜单中选择"数据汇总依据"命令，在弹出的子菜单中选择"其他选项"命令，打开"值字段设置"对话框，单击"值显示方式"选项卡，选择"占同行数据总和的百分比"选项，单击"确定"按钮，如下图所示。

Excel 达人手册：表格设计的重点、难点与疑点精讲

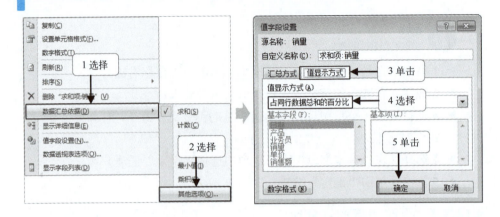

■ 14.5.4 更改为差异百分比

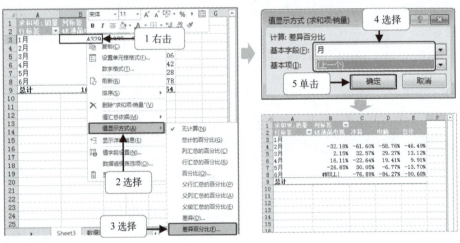

E 注解
xplain with notes

▶ **1 右击**（在数值列中的任一数据单元格上单击鼠标右键）

▶ **2 选择**（选择"值显示方式"命令）

▶ **3 选择**（选择"差异百分比"命令）

▶ **4 选择**（在打开的对话框中选择"月"和"（上一个）"选项）

▶ **5 单击**（单击"确定"按钮确认设置）

微课：更改为差异百分比

▶▶ **2007 版本中更改为差异百分比**

在数值列中的任一数据单元格上单击鼠标右键，在弹出的快捷菜单中选择

-224-

第14章 数据透视表和数据透视图

"数据汇总依据"命令,在弹出的子菜单中选择"其他选项"命令,打开"值字段设置"对话框,单击"值显示方式"选项卡,在"基本字段"列表框中选择"月"选项,在"基本项"列表框中选择"(上一个)"选项,单击"确定"按钮确认设置,如下图所示。

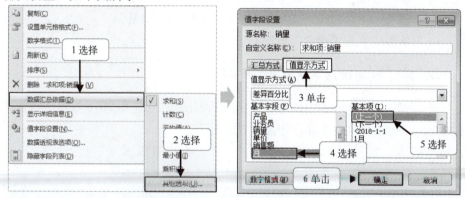

14.6 添加计算字段

适用版本:2016、2013、2010、2007

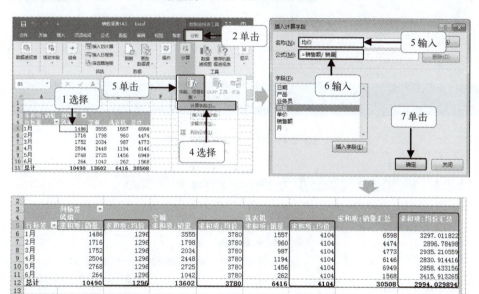

E 注解
xplain with notes

▶ **1选择**(选择"B"列任一有数据的单元格)

-225-

- **2 单击**（单击"数据透视表工具→分析"选项卡）
- **3 单击**（单击"字段、项目和集"下拉按钮）
- **4 选择**（选择"计算字段"选项，打开"插入计算字段"对话框）
- **5 输入**（在"名称"文本框内输入"均价"）
- **6 输入**（在"公式"文本框中输入"=销售额/销量"）
- **7 单击**（单击"确定"按钮）

>>> **2007 和 2010 版本中添加计算字段**

在 2007 与 2010 版本中添加计算字段的方法与 2013 和 2016 版本的操作基本相同，但稍微有一点差异，分别如下图所示。

▽ 2007 版本 　　　　　　　　　　　▽ 2010 版本

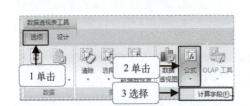
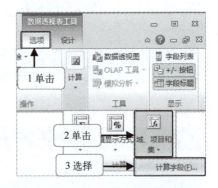

14.7　加权平均算法

适用版本：2016、2013、~~2010~~、~~2007~~

14.7.1　将数据透视表转换为 Power Pivot 数据模型

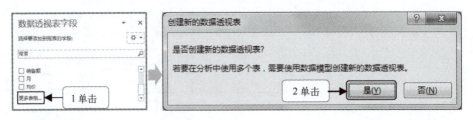

E 注解
xplain with notes

- **1 单击**（打开"数据透视表字段"窗格，单击"更多表格"超链接）

第 14 章　数据透视表和数据透视图

▶ **2 单击**（在打开的"创建新的数据透视表"对话框中单击"是"按钮）

■ **14.7.2　加权平均算法**

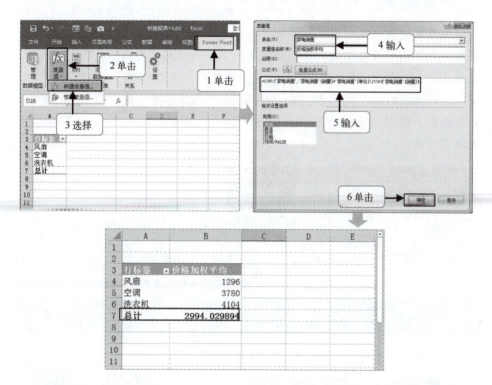

E 注解
xplain with notes

▶ **1 单击**（单击"Power Pivot"选项卡。注：单击"开发工具"选项卡，单击"加载项"组中"COM 加载项"按钮，打开"COM 加载项"对话框。选中"Microsoft Power Pivot for Excel"复选框，单击"确定"按钮加载"Power Pivot"选项卡）

▶ **2 单击**（单击"度量值"下拉按钮）

▶ **3 选择**（选择"新建度量值"选项，打开"度量值"对话框）

▶ **4 输入**（在"表名"文本框中输入"家电销售"，在"度量值名称"文本框中输入"价格加权平均"）

▶ **5 输入**（在"公式"文本框中输入"=SUMX('家电销售','家电销售'[销量]*'家电销售'[单价])/SUM('家电销售'[销量])"）

微课：加权平均算法

-227-

➤ **6 单击**（单击"确定"按钮）

痛点　SUMX 不能正常计算

除了表达式书写错误外，SUMX 不能正常加权平均计算的最直接原因：没有识别到统一的"表"名。因此解决方法就是统一模型表名。具体为：选择报表中的任一数据单元格，单击"Power Pivot"选项卡，在"数据模型"组中单击"管理"按钮，打开"Power Pivot for Excel"窗口，修改表名称，如下图所示。

微课：SUMX 不能正常计算

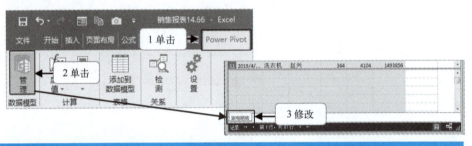

14.8　添加计算项

适用版本：2016、2013、2010、2007

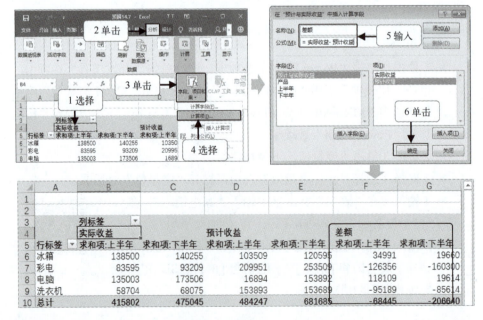

-228-

第 14 章　数据透视表和数据透视图

> 注解
> Explain with notes

- **1 选择**（在数据透视表中选择 B4 单元格）
- **2 单击**（单击"数据透视表工具→分析"选项卡）
- **3 单击**（单击"字段、项目和集"下拉按钮）
- **4 选择**（选择"计算项"选项，打开"在'预计与实际收益'中插入计算字段"对话框）
- **5 输入**（在"名称"文本框输入"差额"，在"公式"文本框中输入"=实际收益-预计收益"）
- **6 单击**（单击"确定"按钮）

痛点　"计算项"显示为灰色不可以用

"计算项"的添加对象只能是行、列标签字段。所以，在透视表中只有选择行、列标签字段单元格，才能激活"计算项"选项，否则将呈灰色不可用状态。

14.9　套用样式美化透视表

适用版本：2016、2013、2010、2007

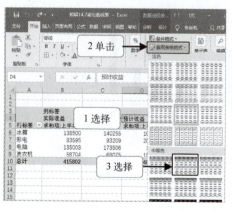

> 注解
> Explain with notes

- **1 选择**（在透视表中选择任一数据单元格）

- **2 单击**（单击"开始"选项卡"样式"组中的"套用表格格式"下拉按钮）
- **3 选择**（在下拉列表中选择"浅蓝，数据透视表样式中等深浅9"选项）

14.10 创建透视图

适用版本：2016、2013、2010、2007

14.10.1 在透视表上创建数据透视图

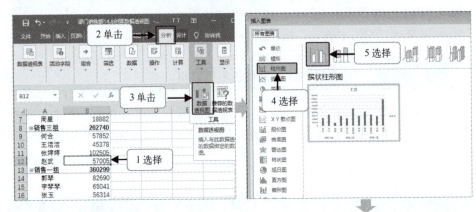

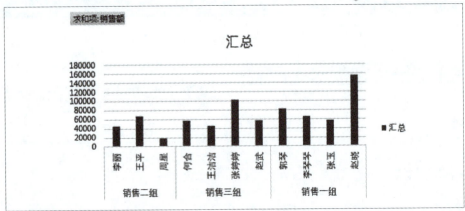

E 注解
xplain with notes

- **1 选择**（在透视表选择任一数据的单元格）
- **2 单击**（单击"数据透视表工具→分析"选项卡）
- **3 单击**（单击"工具"组中的"数据透视图"按钮，打开"插入图表"对话框

第 14 章　数据透视表和数据透视图

- ▶ **4 选择**（选择"柱形图"选项）
- ▶ **5 选择**（选择"簇状柱形图"选项，按〈Enter〉键或单击"确定"按钮）

>>> **2010 和 2007 版本中单击"数据透视图"操作**

∨ 2007 版本

∨ 2010 版本

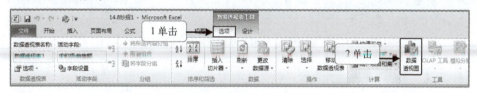

14.10.2　在源数据中创建数据透视图

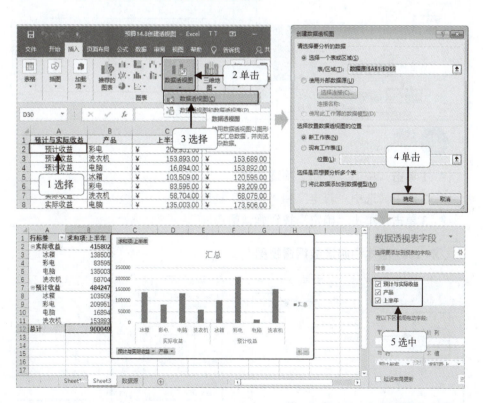

> 注解
> Explain with notes

- **1 选择**（选择任一有数据的单元格）
- **2 单击**（单击"插入"选项卡）
- **3 选择**（在"图表"组单击"数据透视图"下拉按钮，在下拉选项中选择"数据透视图"选项打开"创建数据透视图"对话框）
- **4 单击**（单击"确定"按钮创建数据透视图）
- **5 选中**（选中"预计与实际收益""产品""上半年"复选框）

14.11　筛选透视图

适用版本：2016、2013、2010、2007

14.11.1　在透视图上筛选

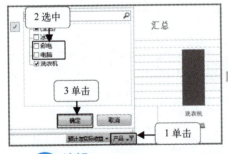 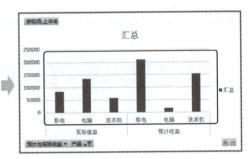

> 注解
> Explain with notes

- **1 单击**（单击"产品"筛选按钮）
- **2 选中**（选中"彩电"和"电脑"复选框）
- **3 单击**（单击"确定"按钮确认筛选）

2007版本中筛选数据透视图

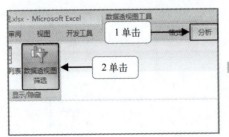 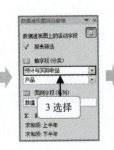 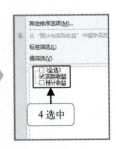

第 14 章　数据透视表和数据透视图

14.11.2　在窗格中筛选

注解 Explain with notes

▶ **1 单击**（单击"产品"字段筛选按钮）
▶ **2 选择**（选中"冰箱"和"彩电"复选框，按〈Enter〉键确认筛选）

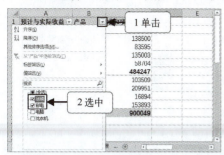
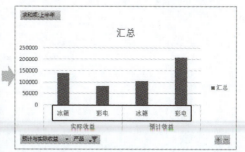

14.12　切　片　器

适用版本：2016、2013、2010、~~2007~~

14.12.1　添加切片器

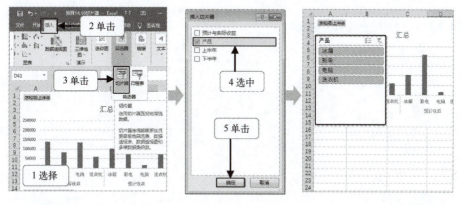

注解 Explain with notes

▶ **1 选择**（在数据透视表中选择任一单元格或选择透视图）
▶ **2 单击**（单击"插入"选项卡）
▶ **3 单击**（单击"筛选器"组中的"切片器"按钮，打开"插入切片器"对话框）

-233-

- **4 选中**（选中数据字段复选框，如"产品"复选框）
- **5 单击**（单击"确定"按钮）

14.12.2 应用切片器样式

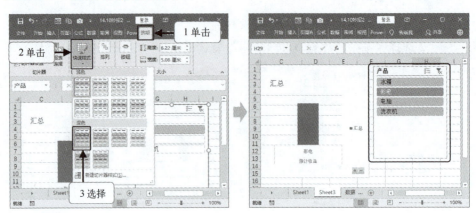

注解 Explain with notes

- **1 单击**（选择切片器，单击激活的"切片器工具→选项"选项卡）
- **2 单击**（在"切片器样式"组中单击"快速样式"下拉按钮）
- **3 选择**（在下拉选项中选择切片器样式选项）

14.12.3 切片器筛选数据

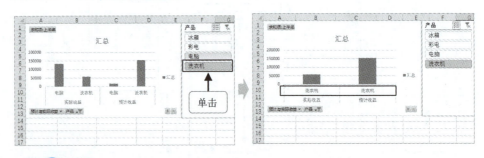

注解 Explain with notes

- **单击**（在切片器中单击筛选产品，如"洗衣机"，在透视图和透视表中会自动筛选出对应数据）

补充　共享切片器

在同一工作簿的任一数据透视表中插入切片器后，单击"报表链接"按钮，

第14章 数据透视表和数据透视图

在打开的"数据透视表链接"对话框中同时选中多个数据透视表选项,确认即可实现切片器共享。单击切片器中的名称选项,相应透视表中的数据随之进行筛选。

答疑 切片器只能在透视表中使用吗

切片器并不是透视图或透视表的专属,在智能表中同样可以添加(智能表的创建渠道有两种:一是单击"插入"选项卡中的"表格"按钮,打开"表"对话框,设置数据来源,如下图所示;二是套用表格样式),与透视图表添加切片器的操作方法基本相同:如"14.12.1"小节中的操作。

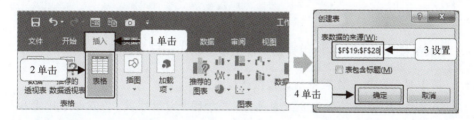

高手竞技场 透视分析季度产量

素材文件	云盘\高手竞技场\素材\第14章\季度产量.xlsx
结果文件	云盘\高手竞技场\结果\第14章\季度产量.xlsx

▽ 原始数据明细

	A	B	C	D	E	F	G	H
1	小组	一季度产量	二季度产量	三季度产量	四季度产量			
2	一组	50325	49052	59066	60152			
3	一组	64080	60206	50636	52065			
4	一组	48052	50320	51023	60323			
5	二组	58702	49033	50623	56002			
6	二组	47820	51051	61045	59521			
7	二组	55070	60505	75452	71051			
8	三组	60782	57120	58010	52210			
9	三组	57020	45072	57021	40123			
10	三组	62105	70215	52402	45081			

❯ 创建透视图表后的效果

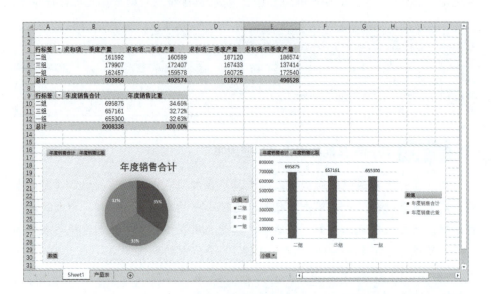

【关键操作点】——使用数据透视图表分析小组销售数据

第1步：在新工作表中创建数据透视表。

第2步：创建共享缓存数据透视表，添加两个计算字段：年度销售比重和年度销售合计。公式都是"=一季度产量+二季度产量+三季度产量+四季度产量"。

第3步：隐藏共享缓存中的字段，只保留"年度销售合计"和"年度销售比重"字段数据。

第4步：将"年度销售比重"字段数据的值显示方式更改为"总计的百分比"。

第5步：根据第二个透视表中的数据分别创建比重饼图和销量柱形图。

第 15 章

查看和审阅

本章导读

与表格打交道的人通常会做两件事：一是制表；二是看表。制表方面要求数据准确、样式美观、分析独到。看表方面要求会看、会审。在前面的章节中已经详细讲解了制表的多种操作技能，在本章中将会教读者另一方面的技能：看表（查看和审阅表格数据）。

知识要点

- 将标题行冻结固定
- 多个工作簿数据同屏显示
- 检查兼容性
- 区域数据放大至窗口区域
- 添加批注

15.1 查看数据

适用版本：2016、2013、2010、2007

★ **15.1.1 将标题行冻结固定**

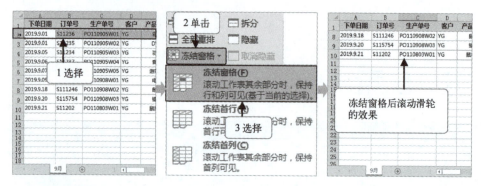

注解
Explain with notes

▶ **1 选择**（选择数据主体部分的第一行）
▶ **2 单击**（单击"视图"选项卡"窗口"组中的"冻结窗格"下拉按钮）
▶ **3 选择**（在下拉选项中选择"冻结窗格"选项）

15.1.2 将表格拆分为多个独立模块

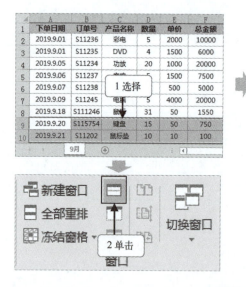

第 15 章　查看和审阅

> **注解**
> **E**xplain with notes

▶ **1 选择**（选择要拆分的单元格区域）
▶ **2 单击**（单击"视图"选项卡"窗口"组"拆分"按钮）

答疑　如何取消窗格冻结和拆分

冻结和拆分窗格的目的，都是为了查看对照数据。一旦不需要这个功能，可将其取消。如下左图所示：取消冻结窗格。如下右图所示：取消拆分窗格。

15.1.3　多个工作簿数据同屏显示

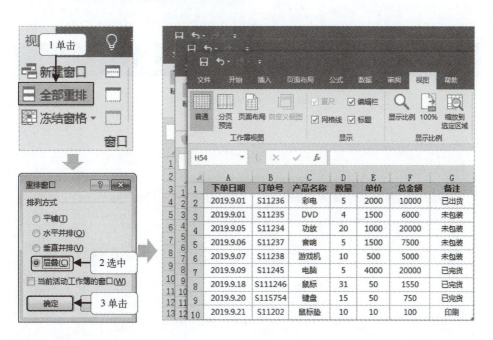

Excel 达人手册：表格设计的重点、难点与疑点精讲

E 注解
xplain with notes

▶ **1 单击**（单击"视图"选项卡"窗口"组中的"全部重排"按钮，打开"重排窗口"对话框）

▶ **2 选中**（选中"排列方式"选项卡中的单选按钮，如"层叠"）

▶ **3 单击**（单击"确定"按钮）

*15.1.4 区域数据放大至窗口区域

E 注解
xplain with notes

▶ **1 选择**（选择要放大的单元格区域）

▶ **2 单击**（单击"视图"选项卡"显示比例"组中的"缩放到选定区域"按钮）

15.2 审阅数据

适用版本：2016、2013、2010、2007

★15.2.1 添加批注

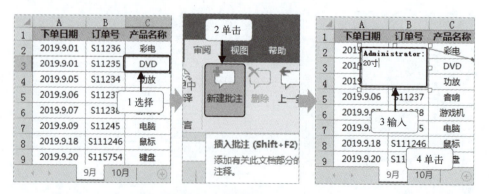

-240-

第 15 章 查看和审阅

E 注解
xplain with notes

▶ **1 选择**（选择要添加批注的单元格）
▶ **2 单击**（单击"审阅"选项卡"批注"组中的"新建批注"按钮）
▶ **3 输入**（输入批注内容）
▶ **4 单击**（单击工作表其他区域退出批注编辑状态）

★15.2.2 检查兼容性

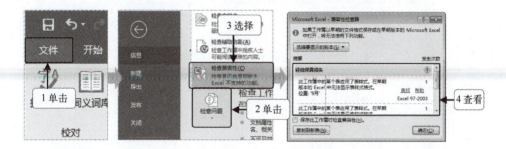

E 注解
xplain with notes

▶ **1 单击**（单击"文件"选项卡）
▶ **2 单击**（在"信息"界面中单击"检查问题"下拉按钮）
▶ **3 选择**（选择"检查兼容性"选项）
▶ **4 查看**（查看兼容性信息）

》》 2007 版本中检查工作簿兼容性

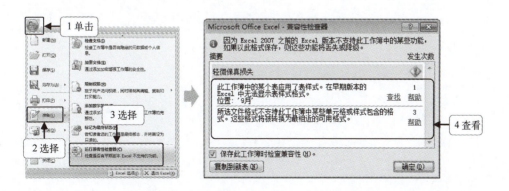

Excel 达人手册：表格设计的重点、难点与疑点精讲

高手竞技场　　查阅销售报表

素材文件	云盘\高手竞技场\素材\第15章\销售报表.xlsx
结果文件	云盘\高手竞技场\结果\第15章\销售报表.xlsx

▽ 查看审阅销售数据

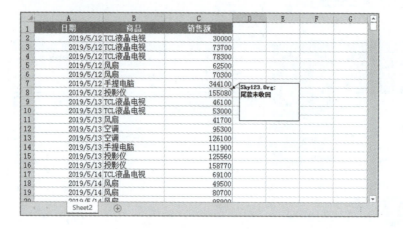

【关键操作点】——排序整理数据

第 1 步：冻结标题行。

第 2 步：在 C8 单元格中添加批注信息：尾款未收回。

第 16 章

打印

本章导读

很多读者会觉得打印特简单，只需按〈Ctrl+P〉组合键切换到"打印"页面，然后单击"打印"按钮就可以了。事实并非如此，表格数据的打印讲究很多，如打印指定图表、打印部分数据、逐份打印、重复标题打印等。

本章中，笔者将向读者分享一些在工作中经常用到的打印妙招，并展示一些常见问题，帮助读者尽快地掌握打印技巧。

知识要点

- 设置打印区域
- 打印指定标题
- 调整表格与纸张之间的距离
- 打印批注
- 设置打印份数和页数
- 打印整个工作簿的数据
- 打印图表
- 强制同页打印
- 更改纸张方向和大小

16.1 设置打印区域

适用版本：2016、2013、2010、2007

16.1.1 指定打印区域

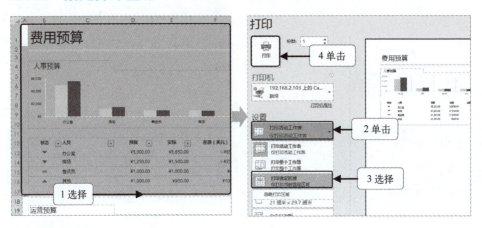

注解 Explain with notes

- **1 选择**（选择要打印的单元格区域）
- **2 单击**（单击"打印"选项卡"设置"组中"打印活动工作表"下拉按钮）
- **3 选择**（在下拉选项中选择"打印选定区域"选项）
- **4 单击**（单击"打印"按钮）

答疑 "对照"打印与"非对照"打印的区别

单击"打印"选项卡"设置"组"对照"下拉按钮，会出现"对照"与"非对照"两个选项，其中"对照"是指按页面顺序打印一份后再打印下一份；"非对照"是指每页打印指定份数后再打印下一页，如下图所示。

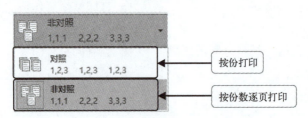

第 16 章 打印

>>> **2007 版本中打印指定区域**

选择要打印的区域,按〈Ctrl+P〉组合键打开"打印内容"对话框,选中"选定区域"单选按钮,单击"确定"按钮,如下图所示。

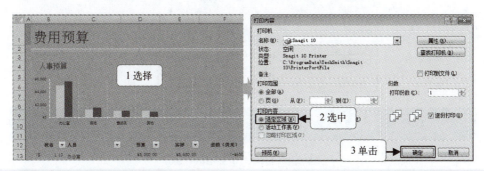

16.1.2 取消打印区域

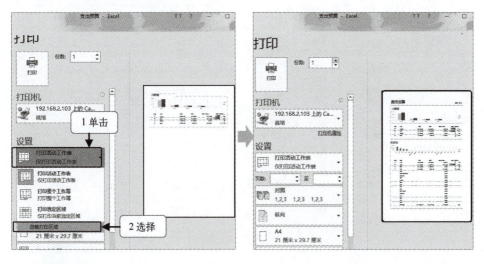

> **E 注解**
> xplain with notes

▶ **1 单击**(单击"打印"选项卡"设置"组"打印活动工作表"下拉按钮)
▶ **2 选择**(在下拉选项中选择"忽略打印区域"选项)

>>> **2007 版本中取消打印区域**

打开"打印内容"对话框,选中"忽略打印区域"复选框,单击"确定"按钮,如下图所示。

Excel 达人手册：表格设计的重点、难点与疑点精讲

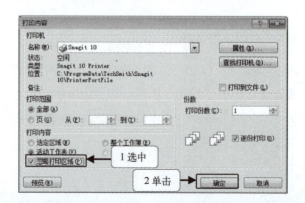

16.2 打印整个工作簿的数据

适用版本：2016.、2013、2010、2007

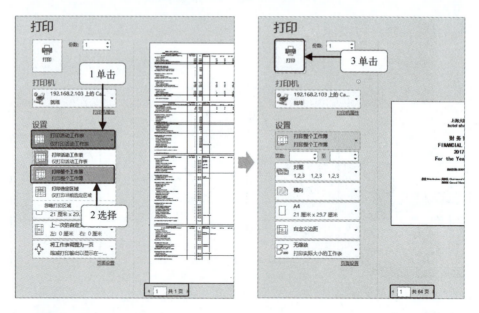

注解 Explain with notes

▶ **1 单击**（在"打印"页面中单击"打印活动工作表"下拉按钮）

▶ **2 选择**（在下拉选项中选择"打印整个工作簿"选项）

▶ **3 单击**（单击"打印"按钮打印文件）

》》2007 版本中打印整个工作簿数据

按〈Ctrl+P〉组合键打开"打印内容"对话框，选中"整个工作簿"单选

第 16 章 打印

按钮,单击"确定"按钮。

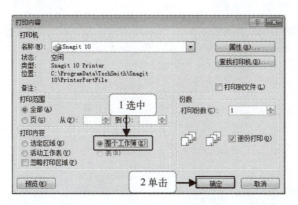

16.3 打印指定标题

适用版本:2016、2013、2010、2007

16.3.1 打印指定行标题

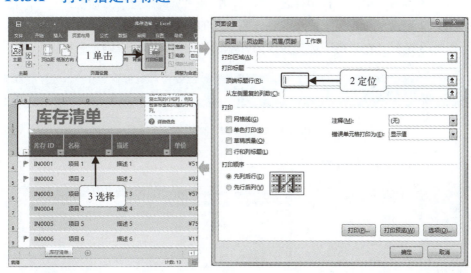

E 注解
Explain with notes

▶ **1 单击**(单击"打印标题"按钮,打开"页面设置"对话框)
▶ **2 定位**(将光标定位在"顶端标题行"文本框中)
▶ **3 选择**(在工作表中选择标题行所在行,然后单击"确定"按钮)

-247-

16.3.2 打印指定列标题

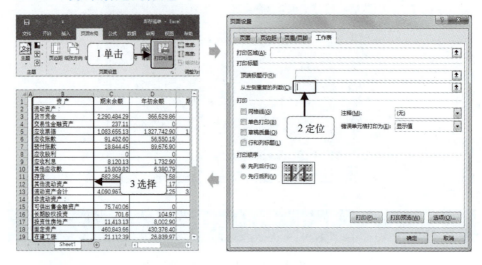

E 注解
xplain with notes

▶ **1 单击**（单击"打印标题"按钮，打开"页面设置"对话框）
▶ **2 定位**（将光标定位在"从左侧重复的列数"文本框中）
▶ **3 选择**（在表格中选择要作为标题的数据列，单击"确定"按钮）

16.4 打印图表

适用版本：2016、2013、2010、2007

16.4.1 打印彩色图表

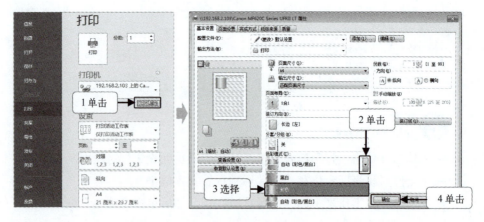

第 16 章 打印

> **注解**
> Explain with notes

- **1 单击**（单击"打印"选项卡中"打印机"组的"属性"按钮）
- **2 单击**（在打开的对话框中单击"色彩模式"下拉按钮）
- **3 选择**（在下拉选项中选择"彩色"选项）
- **4 单击**（单击"确定"按钮）

>>> 2007 版本中设置彩色打印图表方法

打开"打印内容"对话框，单击"属性"按钮，打开属性对话框，选中"纸张/质量"选项卡的"颜色"组中"彩色"单选按钮，按〈Enter〉键确认，如下图所示。

16.4.2 打印黑白图表

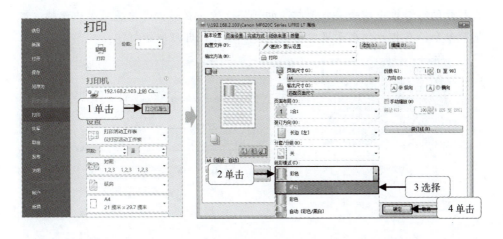

Excel 达人手册：表格设计的重点、难点与疑点精讲

注解 Explain with notes

▶ **1 单击**（单击"打印"选项卡中"打印机"组的属性"按钮）
▶ **2 单击**（在打开的对话框中单击"色彩模式"下拉按钮）
▶ **3 选择**（在下拉选项中选择"黑白"选项）
▶ **4 单击**（单击"确定"按钮）

2007 版中黑白打印图表

在 2007 版本中黑白打印图表，打开"打印内容"对话框，单击"属性"按钮，打开"属性"对话框，选中"纸张/质量"选项卡的"颜色"组中"黑白"单选按钮，按〈Enter〉键确认，如下图所示。

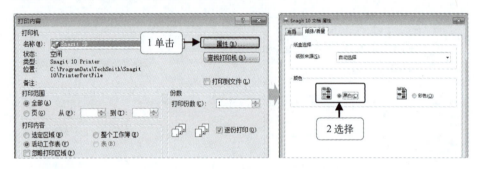

答疑 如何取消打印

在打印的过程中如想取消打印，双击屏幕右下角菜单栏"打印机"按钮，在打开的对话框中右击要取消打印的任务选项，在弹出的快捷菜单中选择"取消"命令，在打开的提示框中单击"是"按钮，即可取消打印。

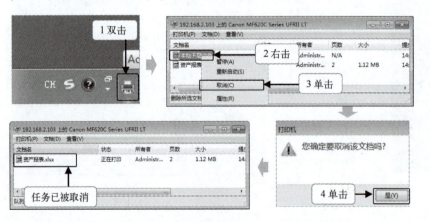

第 16 章 打印

16.5 调整表格与纸张之间的距离

适用版本：2016、2013、2010、2007

★16.5.1 在打印预览区中拖动调整

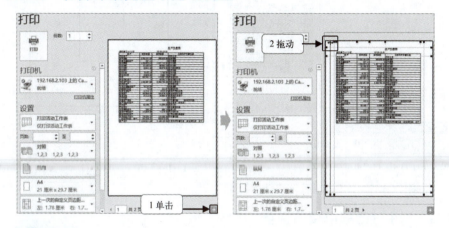

> **注解**
> Explain with notes

- **1 单击**（单击"打印"选项卡右下角"显示边距"按钮）
- **2 拖动**（将光标移动到边距参考线上，按住鼠标左键不放，拖动参考线手动调整边距）

▶▶ **2007 版本中拖动调整边距**

单击"打印预览"选项卡，在"预览"组中选中"显示边距"复选框，即可在打印预览区中拖动调整边距，如下图所示。

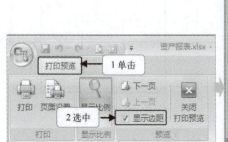

-251-

Excel 达人手册：表格设计的重点、难点与疑点精讲

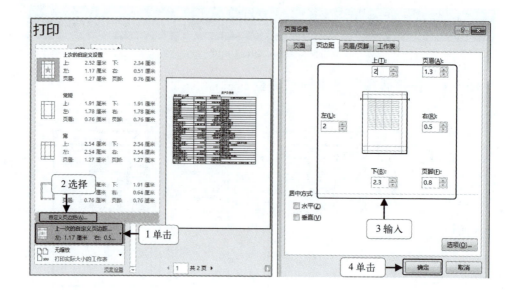

16.5.2 在对话框中精确调整

注解
E xplain with notes

▶ **1 单击**（单击"打印"选项卡"上一次的自定义页边距"下拉按钮）
▶ **2 选择**（在下拉选项中选择"自定义页边距"选项打开"页面设置"对话框）
▶ **3 输入**（在打开的对话框的数值框中分别输入边距）
▶ **4 单击**（单击"确定"按钮）

▶▶▶ 2007 版中的精确调整

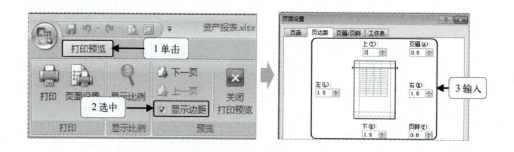

第 16 章 打印

16.6 强制同页打印

适用版本：2016、2013、2010、2007

16.6.1 通过比例调整

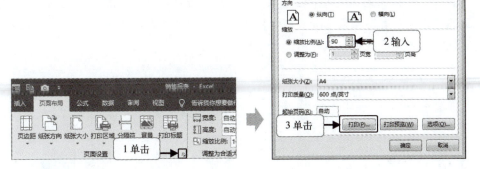

E 注解
xplain with notes

▶ **1 单击**（单击"页面布局"选项卡"页面设置"组中的"对话框启动器"按钮，打开"页面设置"对话框）

▶ **2 输入**（在"缩放"栏下的"缩放比例"数值框内输入"90"）

▶ **3 单击**（单击"确定"按钮）

16.6.2 通过分页预览视图调整

—253—

注解
E xplain with notes

▶ **1 按键**（按〈Alt+W+I〉组合键切换到分页预览视图中）
▶ **2 拖动**（将光标移到分页线上按住鼠标左键拖动鼠标调整分页范围，如"M"列）

痛点　蓝色分页线消失不见

在"分页预览"模式中通过蓝色分页线（虚线）强制调整分页范围的方式虽然简单，但有时候蓝色分页线会消失，此时只需重新插入即可，重新插入分页线虽然不是虚线但仍然可用，如下图所示。

16.6.3 通过打印选项调整

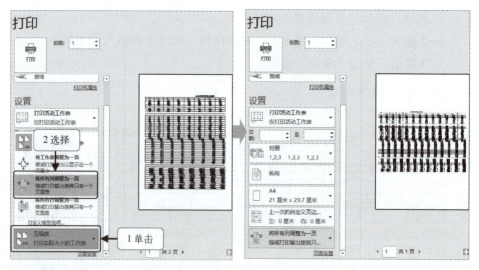

注解
E xplain with notes

▶ **1 单击**（单击"打印"选项卡"设置"组中的"无缩放"下拉按钮）

第 16 章 打印

▶ **2 选择**（在下拉选项中选择"将所有列调整为一页"选项）

▶▶ **2007 版中的高效操作**

在 2007 版本中的操作是在"页面布局"选项卡单击"对话框启动器"按钮，在"页面设置"对话框中输入 1 页宽，如下图所示。

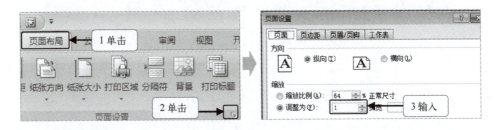

痛点　将同一张表打印在同一张纸上

将同一张表打印在同一张纸上对于小表格完全没有问题，但对于数据行、列较多的表格则需要做出一些调整。具体的操作方法很简单：在"打印"界面中单击"无缩放"下拉按钮，在下拉选项中选择"将工作表调整为一页"选项即可，如下图所示。

微课：将同一张表打印在同一张纸上

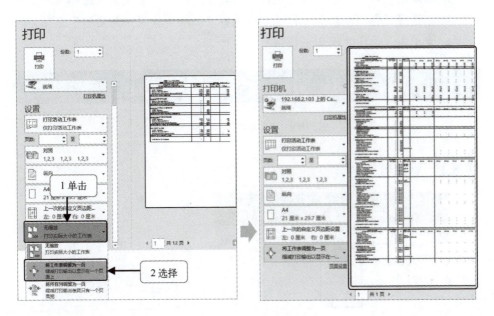

-255-

16.7 打印批注

适用版本：2016、2013、2010、2007

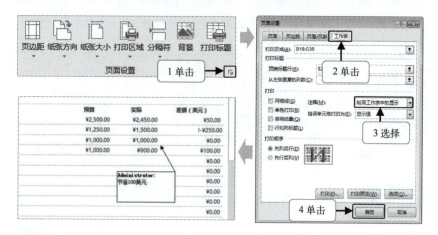

注解 Explain with notes

- **1 单击**（单击"页面布局"选项卡"页面设置"组中"对话框启动器"按钮）
- **2 单击**（在打开的"页面设置"对话框中单击"工作表"选项卡）
- **3 选择**（在"注释"下拉选项中选择"如同工作表中的显示"选项）
- **4 单击**（单击"确定"按钮）

16.8 更改纸张方向和大小

适用版本：2016、2013、2010、2007

16.8.1 更改纸张方向

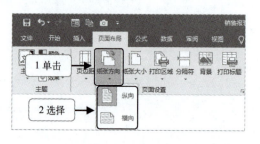 或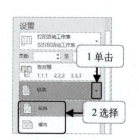

第 16 章 打印

> **E** 注解
> xplain with notes

▶ **1 单击**（单击"页面布局"的"页面设置"组中"纸张方向"下拉按钮或在"打印"页面中单击"纵向"下拉按钮）

▶ **2 选择**（选择纸张方向）

16.8.2 更改纸张大小

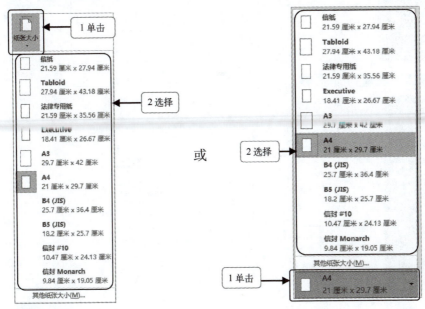

> **E** 注解
> xplain with notes

▶ **1 单击**（单击"页面布局"的"页面设置"组中"纸张大小"下拉按钮或在"打印"页面中单击"A4"下拉按钮）

▶ **2 选择**（选择纸张大小）

16.9 设置打印份数和页数

适用版本：2016、2013、2010、2007

16.9.1 设置打印份数

> **E** 注解
> xplain with notes

▶ **1 输入**（在"打印"选项卡"份数"输入框输入打印份数，如"2"份）

▶ **2 单击**（单击"打印"按钮打印文件）

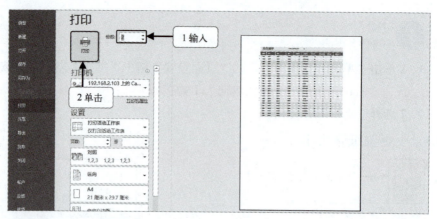

16.9.2 设置打印页数

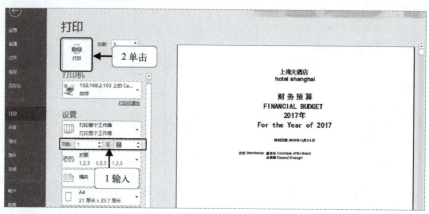

注解 Explain with notes

▶ **1 输入**（在"打印"选项卡"设置"组"页数"数值框输入打印页数，如"1"至"64"页）

▶ **2 单击**（单击"打印"按钮打印文件）

》》 2007 版本中设置打印份数和页数

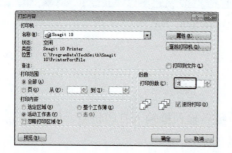

第 16 章　打印

高手竞技场　　打印预算表

素材文件	云盘\高手竞技场\素材\第16章\简易每月预算表.xlsx
结果文件	云盘\高手竞技场\结果\第16章\简易每月预算表.xlsx

▽ 设置打印参数后的效果

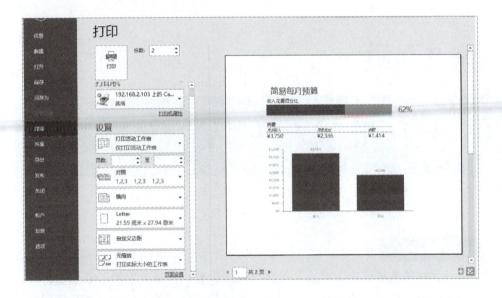

【关键操作点】——排序整理数据

第 1 步：打印整个工作簿。

第 2 步：调整纸张方向为"横向"。

第 3 步：在预览区域中拖动参考线调整边距。

第 4 步：设置打印份数。

第 17 章

数据安全

本章导读

表格的数据安全，可以从外到内逐层设置，从最外层的云同步保护，到外层打开保护、修改保护再到中层的结构保护、整表保护，直至里层的区域保护、单个单元格保护。每一层的安全保护都可以让层次范围内的数据安全。在本章中逐一为读者讲解各个层次的保护操作技巧。

知识要点

- 设置打开密码
- 限制为只读
- 工作表加密
- 使用 OneDrive 账号
- 设置修改权限密码
- 找回密码
- 区域数据加密

第 17 章 数据安全

17.1 表格文件安全

适用版本：2016、2013、2010、2007

★17.1.1 设置打开密码

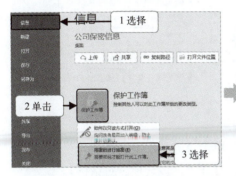
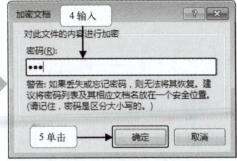

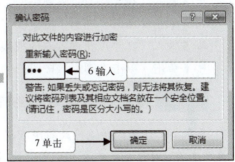

注解
Explain with notes

- **1 选择**（选择"信息"选项）
- **2 单击**（单击"保护工作簿"下拉按钮）
- **3 选择**（选择"用密码进行加密"选项）
- **4 输入**（在打开的"加密文档"对话框中输入密码）
- **5 单击**（单击"确定"按钮）
- **6 输入**（在打开的"确认密码"对话框中输入完全相同的密码）
- **7 单击**（单击"确定"按钮）

17.1.2 设置修改权限密码

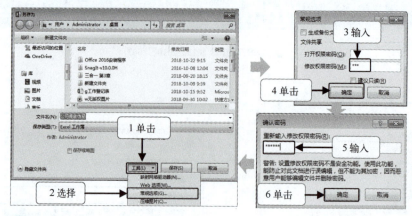

> **注解**
> Explain with notes

- ▶ **1 单击**（打开"另存为"对话框，单击"工具"下拉按钮）
- ▶ **2 选择**（选择"常规选项"选项，打开"常规选项"对话框）
- ▶ **3 输入**（在"修改权限密码"文本框中输入修改密码）
- ▶ **4 单击**（单击"确定"按钮，打开"确认密码"对话框）
- ▶ **5 输入**（在"重新输入修改权限密码"文本框中输入完全相同的密码）
- ▶ **6 单击**（单击"确定"按钮）

> **补充** 取消保护或修改权限密码

要取消工作簿保护或修改权限密码，只需再次打开"加密文档"对话框或"常规选项"对话框，删除其中已有的密码，然后确定即可。

17.1.3 限制为只读

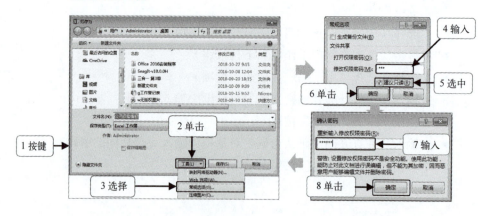

第 17 章 数据安全

注解
Explain with notes

▶ **1 按键**（按〈F12〉键打开"另存为"对话框）
▶ **2 单击**（单击"工具"下拉选项）
▶ **3 选择**（选择"常规选项"选项，打开"常规选项"对话框）
▶ **4 输入**（在"修改权限密码"文本框中输入密码）
▶ **5 选中**（选中"建议只读"复选框）
▶ **6 单击**（单击"确定"按钮打开"确认密码"对话框）
▶ **7 输入**（在"重新输入修改权限密码"文本框中输入完全相同的密码）
▶ **8 单击**（单击"确定"按钮）

补充 正确理解"只读"

将表格设置为"只读"后，用户仍然可以对其进行操作编辑，只是编辑结果无法保存。

■ 17.1.4 找回密码

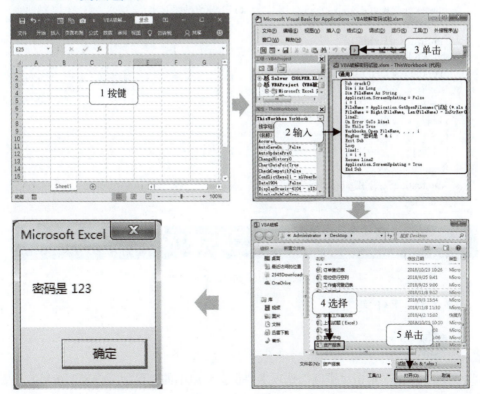

注解 Explain with notes

▶ **1 按键**（新建空白工作簿，并将其保存为宏工作簿，按〈Alt+F11〉组合键打开 VBE 编辑窗口）

▶ **2 输入**（在代码编写窗口中输入找回密码的 VBA 代码，如下"补充"所示）

▶ **3 单击**（单击"运行"按钮打开"VBA 破解"对话框）

▶ **4 选择**（选择要找回密码的表格，如"资产报表"）

▶ **5 单击**（单击"打开"按钮）

微课：找回密码

补充 找回密码的 VBA 代码如下

```
Sub crack()
Dim i As Long
Dim FileName As String
ApplicationScreenUpdating = False
i = 1
FileName = ApplicationGetOpenFilename("试验（*xls & *xlsx）,*xls;*xlsx",,"VBA破解")
FileName = Right(FileName, Len(FileName) - InStrRev(FileName,"\"))
line2:
On Error GoTo line1
Do While True
WorkbooksOpen FileName, , , , i
MsgBox "密码是 " & i
Exit Sub
Loop
line1:
i = i + 1
Resume line2
ApplicationScreenUpdating = True
End Sub
```

 17.2 数 据 安 全

适用版本：2016、2013、2010、2007

★ 17.2.1 工作表加密

注解 Explain with notes

▶ **1 单击**（单击"审阅"选项卡"保护"组中的"保护工作表"按钮）

第 17 章　数据安全

- ▶ **2 输入**（在"取消工作表保护时使用的密码"文本框中输入密码）
- ▶ **3 选中**（选中"选定锁定单元格"和"选定未锁定的单元格"复选框）
- ▶ **4 单击**（单击"确定"按钮，打开"确认密码"对话框）
- ▶ **5 输入**（在"重新输入密码"文本框中输入相同的密码）
- ▶ **6 单击**（单击"确定"按钮）

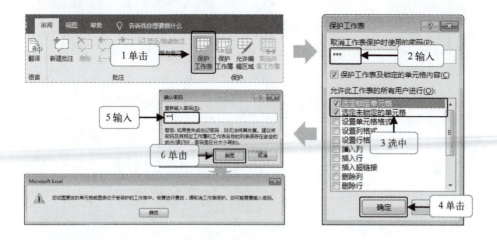

痛点　表格加密但不影响数据筛选

默认情况下，工作表加密保护后就无法再进行正常的筛选，因为筛选不被允许。要打破这种限制，可在"保护工作表"对话框中选中"使用自动筛选"复选框，允许所有用户对当前工作表的数据进行筛选，然后再进行加密操作。

Excel 达人手册：表格设计的重点、难点与疑点精讲

★17.2.2 区域数据加密

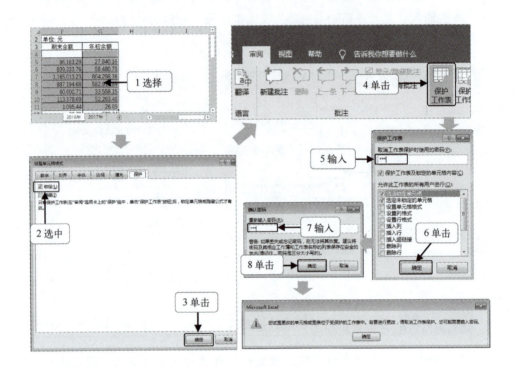

注解
E xplain with notes

▶ **1 选择**（选择数据单元格区域，按〈Ctrl+1〉组合键，打开"设置单元格格式"对话框）

▶ **2 选中**（在"保护"选项卡中选中"锁定"复选框）

▶ **3 单击**（单击"确定"按钮）

▶ **4 单击**（单击"审阅"选项卡"保护"组中的"保护工作表"按钮）

▶ **5 输入**（在"取消工作表保护时使用的密码"输入框中输入密码）

▶ **6 单击**（单击"确定"按钮，打开"确认密码"对话框）

▶ **7 输入**（在"重新输入密码"文本框中输入相同的密码）

▶ **8 单击**（单击"确定"按钮，随后在锁定单元格区域编辑信息时将被提示无法编辑）

第 17 章　数据安全

17.3　使用 OneDrive 账号

适用版本：2016、2013、2010、2007

17.3.1　注册 OneDrive 账号

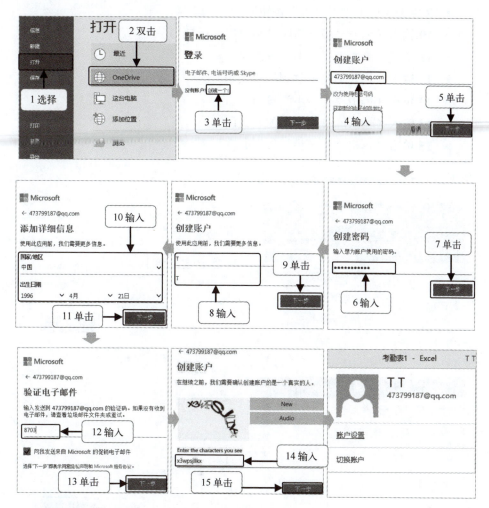

注解
Explain with notes

▶ **1 选择**（选择"打开"选项）

▶ **2 双击**（双击"OneDrive"图标）

Excel 达人手册：表格设计的重点、难点与疑点精讲

- **3 单击**（单击"创建一个"超链接）
- **4 输入**（输入注册邮箱账户）
- **5 单击**（单击"下一步"按钮）
- **6 输入**（输入登录密码）
- **7 单击**（单击"下一步"按钮）
- **8 输入**（输入名称）
- **9 单击**（单击"下一步"按钮）
- **10 输入**（输入"国家地区"和"出生日期"）
- **11 单击**（单击"下一步"按钮）
- **12 输入**（输入邮箱中收到的验证码）
- **13 单击**（单击"下一步"按钮）
- **14 输入**（输入屏幕上显示的验证码）
- **15 单击**（单击"下一步"按钮）

17.3.2 登录 OneDrive 账号

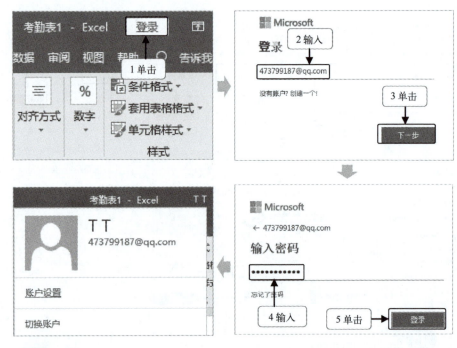

E 注解
Explain with notes

- **1 单击**（单击 Excel 标题栏中的"登录"按钮）

第 17 章 数据安全

- **2 输入**（在"登录"界面输入邮箱名）
- **3 单击**（单击"下一步"按钮）
- **4 输入**（输入密码）
- **5 单击**（单击"登录"按钮）

17.3.3 上传文件到 OneDrive 账号

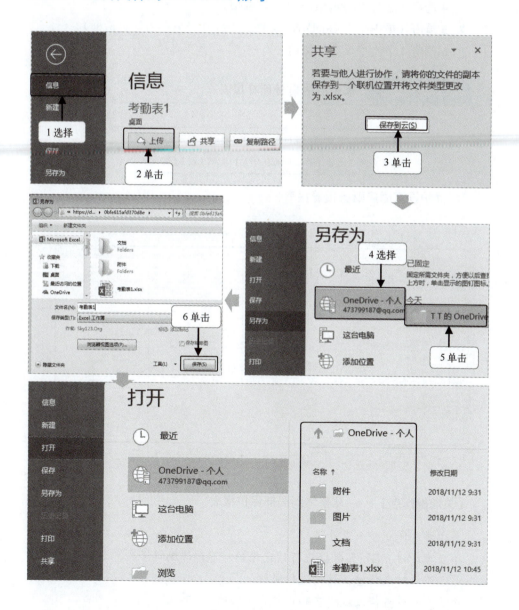

Excel 达人手册：表格设计的重点、难点与疑点精讲

E 注解
xplain with notes

▶ **1 选择**（选择"信息"选项）

▶ **2 单击**（单击"上传"按钮打开"共享"面板）

▶ **3 单击**（单击"保存到云"按钮，切换到"另存为"页面中）

▶ **4 选择**（选择"OneDrive-个人"选项）

▶ **5 单击**（单击个人 OneDrive 文件夹，打开"另存为"对话框）

▶ **6 单击**（单击"保存"按钮）

高手竞技场　保护酒店财务预算报表

素材文件	云盘\高手竞技场\素材\第17章\酒店财务预算报表.xlsx
结果文件	云盘\高手竞技场\结果\第17章\酒店财务预算报表.xlsx

▼ 保护设置酒店财务预算报表

【关键操作点】——从整体到局部保护报表

第1步：保护整个工作簿。

第2步：对"B"列数据进行锁定保护，不允许编辑修改。

第3步：对表格整体结构进行保护。

第4步：设置修改权限密码（所有密码均为123）。

第 18 章

常见问题

本章导读

笔者既是本书的作者，也是 Excel 的使用者，经常帮助同事解决工作中遇到的表格问题。在实际的工作中发现，总有一些问题被经常提起，所以专用一章列出并为这些问题提供对应的解决方法。

知识要点

- 表格提示文件受损无法打开，怎么办
- 用 Excel 2016 版本做的表格，Excel 2003 版本打不开，怎么办
- Excel 2016 中一些功能找不到，怎么办
- Excel 自动关闭，怎么恢复刚做的表格
- 斜线表头如何做
- 宏不能正常使用，怎么办
- 什么是二维表，什么是一维表

18.1 表格提示文件受损无法打开，怎么办

适用版本：2016、2013、2010、2007

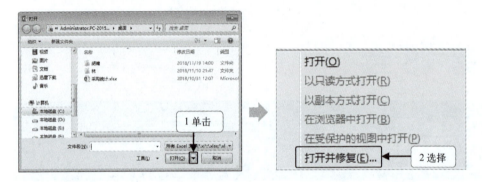

注解 Explain with notes

▶ **1 单击**（打开"打开"对话框，单击"打开"按钮右侧的下拉按钮）

▶ **2 选择**（选择"打开并修复"选项）

▶ **3 单击**（在弹出的提示对话框中，根据需要单击"转换到值"或"恢复公式"按钮）

补充 恢复表格数据

恢复的表格中若没有公式函数，则不会打开提示对话框（提示转换到值或恢复公式），而是直接恢复表格数据，且恢复的表格数据可能会有残缺。为避免表格损坏的常用办法有两个：及时保存和备份。

第 18 章　常见问题

18.2　用 Excel 2016 版本做的表格，Excel 2003 版本打不开，怎么办

适用版本：2016、2013、2010、2007

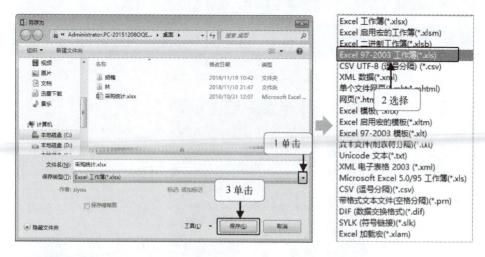

E 注解
　xplain with notes

▶ **1 单击**（打开"另存为"对话框，单击"保存类型"下拉按钮）
▶ **2 选择**（选择"Excel 97-2003 工作簿"选项）
▶ **3 单击**（单击"保存"按钮）

18.3　Excel 2016 中一些功能找不到，怎么办

适用版本：2016、2013、2010、2007

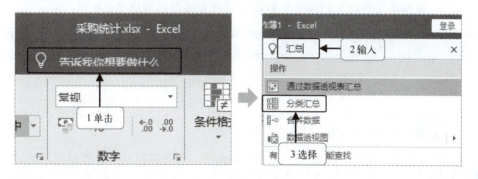

-273-

Excel 达人手册：表格设计的重点、难点与疑点精讲

E 注解
xplain with notes

▶ **1 单击**（将鼠标光标移到"告诉我你想要做什么"文本框上，然后单击进入文本输入状态）

▶ **2 输入**（输入要查找的功能，如"汇总"）

▶ **3 选择**（在弹出的下拉备选项中，选择要查找的功能）

18.4　Excel 自动关闭，怎么恢复刚做的表格

适用版本：2016、2013、2010、2007

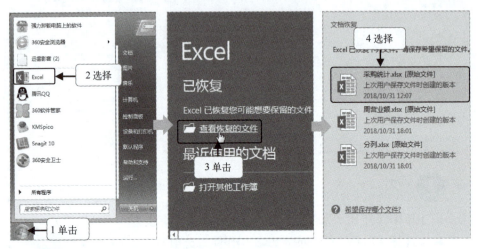

E 注解
xplain with notes

▶ **1 单击**（单击"微软"按钮，打开"开始"菜单）

▶ **2 选择**（选择"Excel"选项）

▶ **3 单击**（单击"查看恢复的文件"超链接）

▶ **4 选择**（在"文档恢复"窗格中选择要恢复的表格文件）

18.5　斜线表头如何做

适用版本：2016、2013、2010、2007

E 注解
xplain with notes

▶ **1 选择**（选择 A1 单元格，按〈Ctrl+1〉组合键打开"设置单元格格式"

第 18 章 常见问题

对话框）
- **2 单击**（在"边框"选项卡下单击▣按钮）
- **3 单击**（单击"确定"按钮）

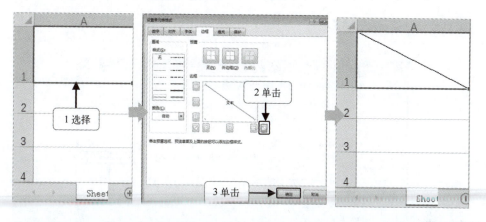

18.6 宏不能正常使用，怎么办

适用版本：2016、2013、2010、2007

18.6.1 保存为宏工作簿

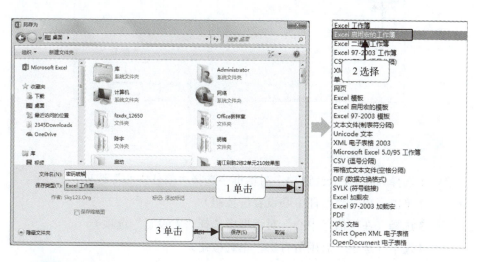

注解
Explain with notes

- **1 单击**（按〈F12〉键打开"另存为"对话框，单击"保存类型"下

-275-

拉按钮）
▶ **2 选择**（在弹出的下拉列表中选择"Excel 启用宏的工作簿"选项）
▶ **3 单击**（单击"保存"按钮）

18.6.2 启用所有宏

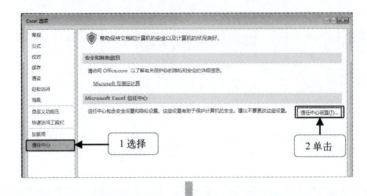

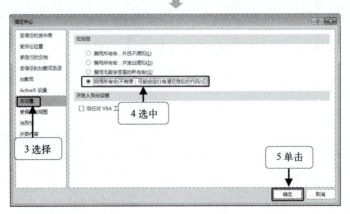

E 注解
xplain with notes

▶ **1 选择**（在"Excel 选项"对话框中选择"信任中心"选项）
▶ **2 单击**（单击"信任中心设置"按钮）
▶ **3 选择**（在"信任中心"对话框中选择"宏设置"选项）
▶ **4 选中**（选中"启用所有宏"单选按钮）
▶ **5 单击**（单击"确定"按钮）

第 18 章　常见问题

18.7　什么是二维表，什么是一维表

适用版本：2016、2013、2010、2007

一维表是指同类别的数据在同一行或同一列存储的表；二维表是指数据在多行多列存储的表。可简单理解为：单独一行或是一列能够完整显示一条数据信息，就是一维表。如下左图中王林的绩效工资，只需查看第三行的数据。需要结合行列数据一起完整显示数据信息，就是二维表，如下右图中王林的绩效工资，需要对照王林所在行和绩效工资所在列进行查看。

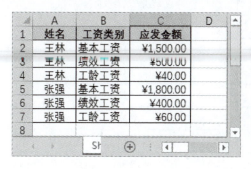 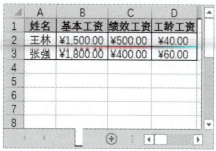

附　　录

附录 A　痛点快捷查询表

Excel技术操作痛点	解决方法对应页码
相同存储路径如何设置而避免重复选择	11
无法正常插入工作表	15
自定义颜色选项	18
快捷菜单中没有行高、列宽命令	26
数据行太多拖动很累	33
使用VLOOKUP函数查找数据总是出错	53
选择性粘贴选项不能用、对话框打不开	82
如何将筛选出的数据"搬"到其他表格区域中	87
多级标题中指定自动筛选按钮的放置位置	91
中、英文字符字体如何一次性设置	96
在数据上直接进行运算	115
修改数组公式总是不被允许	117
如何将相对引用转为绝对引用	118
定义单元格名称总是不成功	119
在参数对话框中如何快速调用单元格名称	121
函数中快速找到错误的参数设置	144
勾选"数据包含标题"后，字段仍然是列A、列B……显示	150
自定义排序失败	157
数据条不能准确呈现数据状态	179
如何创建出正确类型的图表	187
怎样选择不易选上的数据系列值	189

附录

(续)

Excel技术操作痛点	解决方法对应页码
图表标题如何命名才专业	191
SUMX不能正常计算	228
"计算项"显示为灰色不可以用	229
蓝色分页线消失不见	254
将同一张表打印在同一张纸上	255
表格加密但不影响数据筛选	265

附录 B 疑点快捷查询表

Excel技术操作疑点	解决方法对应页码
利用组合键输入当前日期与使用TODAY函数输入当前日期的区别	36
快速访问工具栏中没有"记录单"按钮	48
为什么不能直接复制粘贴网页中的数据	51
在分隔符设置中,为什么要手动输入逗号	81
如何设置"或"与"与"条件	90
选择字号与输入字号的最大区别	97
下画线可以单独设置颜色吗	102
怎样轻松提取要清除的单元格格式	110
相对引用、绝对引用和混合引用的区别	117
查看定义名称的有效范围	120
数据排序,偶然会出现标题行位置发生改变	149
局部剪切行排序操作相对简单一些,为什么还要用对话框排序呢	155
分类汇总弹出非正常提示信息	161
切片器只能在透视表中使用吗	235
如何取消窗格冻结和拆分	239
"对照"打印与"非对照"打印的区别	244
如何取消打印	250

附录 C 难点快捷查询表

Excel技术操作难点	解决方法对应页码
删除多张不连续工作表	17
自动定位所有的数据限制单元格	63
使用TRANSPOSE函数转置	83
输入单一数组公式	114
数据多条件求和SUMIFS	130
列表或数据库平均——DAVERAGE	132
自定义数据条样式	179
创建共享缓存数据透视表	217
更改为差异百分比	224
加权平均算法	227
找回密码	263